職學堂

做人難・不難

職場溝通的10堂講座

王淑俐　著

每件事的背後
都有人的存在
學會溝通
才是馳騁職場的不二法門

三民書局

國家圖書館出版品預行編目資料

做人難・不難:職場溝通的10堂講座 / 王淑俐著.——
初版四刷.——臺北市: 三民, 2019
面; 公分.——(職學堂)

ISBN 978-957-14-5754-3 (平裝)

1. 職場成功法 2. 溝通技巧 3. 人際關係

494.35　　101026141

© 做人難・不難

——職場溝通的10堂講座

著作人　王淑俐
插畫設計　胡鈞怡
發行人　劉振強
著作財產權人　三民書局股份有限公司
發行所　三民書局股份有限公司
地址　臺北市復興北路386號
電話　(02)25006600
郵撥帳號　0009998-5
門市部　(復北店) 臺北市復興北路386號
(重南店) 臺北市重慶南路一段61號
出版日期　初版一刷　2013年1月
初版四刷　2019年10月修正
編號　S 541370
行政院新聞局登記證局版臺業字第○二○○號

ISBN 978-957-14-5754-3 (平裝)

自序

做人難不難？難！

筆者在大學擔任教師，職場的性質或服務對象，比起一般機構、公司行號單純許多，猶經常踢到鐵板；不論扮演教師或中層主管，與學生、同事及上司之間，還是有許多溝通盲點，也遭遇過不少嚴重的人際問題。可想而知，一般的職場溝通，該有多麼複雜與困難！

幸好，自己在每次「受傷」後，還知道趕緊接受「治療」，也幸運地遇到了不少「良醫」，給予寶貴的建議及指點迷津，才讓我得以學習、成長。雖然不一定都能度過難關，但，愈重大的溝通挫敗，自我的成長也愈大，可說是「因禍得福」。

溝通問題的解決，要把握「黃金時期」，也就是「早期發現，早期治療」。不要太有自信，樂觀地以為一切「風平浪靜」，其實這往往是因為真相被「和平假象」包裹所致；等到衝突白熱化時，通常已「一發不可收拾」、沒救了。就好像戀愛與婚姻，當感情與緣分已走到盡頭，就「回不去了」。所以，人際相處時，一定要保持適當的「敏銳度」，即使察覺到的只是小問題，也要及早化解，不使其惡化。

與人溝通時，心思不要過於單純，以為自己怎麼想，別人也跟您一樣。其實，您對人好，有些人反而會防備，擔心您對他「別有居心」。所以要記得「別人是別人，別人跟您想的不一樣」，才能更放開心胸去了解對方。讀人如讀書，這部分的學問很深奧，沒有完全學會的一天。

筆者資質駑鈍，在人際溝通方面常常「摔跤」；因為學得很慢，所以印象更加深刻。正因為知道摔得很疼，所以捨不得您也受同樣的苦。希望盡我的全力，把職場上可能發生的溝通問題，一一呈現在您面前。然後再設計一系列「人際地圖」，列出解決各種人際問題所需的溝通技巧。

如果您還是學生，希望這本書能成為您職場溝通的「旅遊指南」，預先做功課，進入職場後就可以「玩得盡興」。

如果您剛進入職場，這本書可當作您職場溝通的「參考書」，讀熟一點，職場人際關係就可獲得高分。

如果您已進入職場多年，正苦悶於為何沒有「貴人相助」，離升遷就差「臨門一腳」，那麼，這本書可當作您的「字典」，查到正確的人際相處之道，打破從前的錯誤循環。

如果您是主管，這本書可成為您的「保健手冊」，診斷自己在領導與溝通上的障礙或病兆，趕緊「對症下藥」、「藥到病除」。

如果您正與上司、下屬、同事、顧客等發生衝突，覺得心情甚至身體都受到損傷，此時，這本書將能為您「打點滴」，讓您不再病懨懨、快速恢復活力。

當然，上述都是我的誠意與祝福。我是職場溝通中最笨的一個，相信您一定能很快領悟人際相處的道理，也希望您在工作上都能勝任愉快、步步高升。

王淑俐　二〇一二年十二月二十四日

做人難・不難

職場溝通的10堂講座

CONTENTS

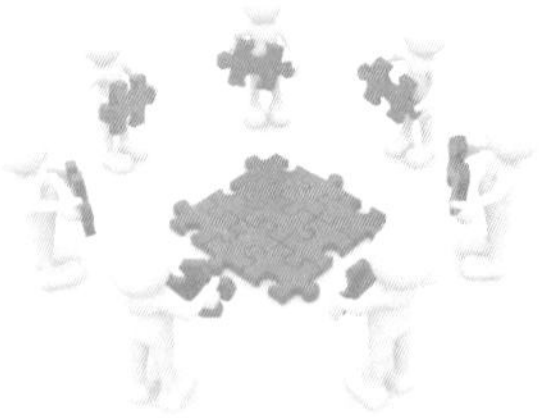

TEAM

第10堂　爭與不爭——衡突的自我管理

第1堂

不擅長「職場溝通」的損失

這是這次要提交的企劃案，我看你們都沒有人要做，我就做完了……
咦！我們連第一次小組討論都沒有，就有成品了！？
※面無表情
※不正眼看人
※不多做解釋
這不是小組企劃嗎！那我們做的部分呢？
丟。
會議紀錄
無

我在大學開設各種溝通課程，如：人際關係與溝通、溝通與口語表達訓練、領導與溝通、行政溝通與激勵、情愛溝通、教學溝通等，也常到教師團體、家長團體、公務人員訓練機構等演講這類主題；乍看像個「溝通專家」，其實愈來愈發現自己還是個「學徒」（教，然後知困）。因為，學習溝通不能只會技巧，就像治病不能只靠藥物；真正的健康是「身心靈」整合，真正的溝通也是由內而外「運用之妙，存乎一心」。

進入就業市場之前，我們花太多時間取得傲人的學歷，卻輕忽了「如何與人和諧相處」的重要性與困難度。其實，學歷再好、能力再強，如果得不到上司的欣賞、同事的合作、顧客的肯定，就會「有翅難飛」，更不用說想要「展翅高飛」了！

做事容易，做人難！若你有此感慨，或曾因人際關係處理不好而離職，你可以就此「心灰意敗」地活在溝通恐懼的「潛意識」陰影中，也可以選擇「亡羊補牢，猶未晚矣！」給自己「第二次機會」學習如何與人愉快共事。

我自己呢？要如何擺脫溝通恐懼的心理陰影？

難以磨滅的溝通傷口

民國九十年，我擔任S大「師培中心」（原「教育學程中心」）主任第三年，因實習津貼的溝通問題，遭到學生嚴厲地批評。當時雖然挺了過來，但好多年後，我仍害怕「碰觸」這個傷口；而今，是走出心理陰影的時候了！

當時，在中小學教育實習的師資生，每個月可領取教育部撥發的八千元實習津貼。談到「錢」，總容易傷感情；前兩年就因有學生一再追問：「實習津貼何時發放？」而弄得大家精神緊張。所以我特別交代同仁，一定要積極處理此事，防止不愉快再度發生。

先前發放的流程是：教育部來文通知申請津貼→造冊給教育部→教育部撥款至學校會計室（約十一月底）→校方統一發放四個月（七—十月）的實習津貼至學生個人帳戶內。這部分的大致時程，已事先書面告知實習老師，沒想到不愉快還是重演，而且愈演愈烈。

那年暑假，師培中心的承辦同仁剛好離職，移交工作時，特別交代新進同仁：「實習津貼須等教育部來文才能申請，不必再打電話去教育部詢問了。」

無巧不成書，教育部的承辦同仁也剛好離職，卻未交代接棒者發文給各校申請津貼。陰錯陽差之下，我們這廂傻傻地等，卻不知教育部已改變了做法——誰先申請就先撥款給誰。等到我們「後知後覺」地申請津貼、教育部終於撥款到本校後，又因有學生遲未回覆個人帳號，加上校內的公文流程，致使學生因津貼遲未入帳而心急如焚，於是上網痛批：

我不懂，一直未發放津貼的原因是什麼，已經十二月也是各家銀行、郵局開始結算利息的時間，我想問問學程，這筆利息是否也要算進來？別說我們說話太重，而是你們根本不尊重我們在先，我也可以說主任身為一個老師，卻不顧學生死活；眼看有人房租繳不出、生活無法過，卻還不及時處理，主任的心態難道不可議？

身為主任的我，看到這無情的批評，當然很難過，不明白學生何以不顧念師生之情？我除了在網站上立即回覆外，也商請學校會計室主任，在當月「實習返校座談」時到場說明。

可惜，因行政疏失而造成的誤會，仍使師生關係產生裂痕。有位學生匿名寫了封信給我：

主任，您是學溝通的，但為什麼您那麼難溝通呢？經常笑裡藏刀。寫了那麼多冠冕堂皇的文章，卻與您的作為差之千里，您要如何讓人信服呢？請不要再愚弄我們學生了。

事後我雖請辭主任，卻未獲准。校方只提醒我日後遇到「急件」應親自跑公文，以縮短工作時間；但會計室主任因此去職，我為此感到十分抱歉，也覺得灰心、「不如歸去」。有一天，一位學生遞給我一張以筆記紙寫得滿滿的信：

從得到憂鬱症至今，有一個很重要的想法改變了我的人生觀。我發現，我們常陷入人情義理的矛盾中，想做得好卻又不開心，事情總是很難面面俱到。其實說穿了，做自己想做、讓自己開心的事，不就好了！您曾說年紀愈大、責任愈多，愈常「人在江湖，身不由己」，許多事總無法隨心所欲，因此感到困擾。但是當我經歷過那種從早上一睜開眼，就感到莫名的沮喪與痛苦的日子，天天都徘徊在死與不死的煎熬後，真的覺得，過自己快樂的生活最重要。

這孩子受過憂鬱症的苦，不忍看到我也憂鬱，所以寫信安慰我：「會讓自己不開心的事就不要做了。」這個建議好像有些任性、抗壓性不足，其實卻是真正的「理智」，他說：

而今您的眼前出現了兩條人生的叉路，雖然我很希望您可以繼續留在學校，為學弟妹解決問題，或者哪天當我有解決不了的困擾，也可以尋求您的幫助，但我知道不能如此自私。身兼多職，您的壓力絕非我能想像；也許一般人早就放棄這樣的生活，您能堅守崗位、服務這麼多年，已經很令人欽佩了。如果繼續留在學校會讓您不快樂，我很贊成換個跑道，過另一種自己想追求的生活。

現在看這封信，仍然感動與感謝學生的體貼與鼓勵。他因受過磨難而更懂得「愛」，希望我也能更愛自己。這封信我會一直留著！

做事容易，做人難！

職場上，為什麼會遭遇強大、無從辯解的溝通障礙？

丹尼爾・高曼 (Goleman, D.) 在一九九五年出版《EQ》一書，強調「EQ」

（情緒商數）比「IQ」（智力商數）更能決定個人未來的成敗。一九九八年他又出版《EQII：工作EQ》一書，更詳加說明「情緒智力」對工作表現的影響。他以耶魯大學同系的兩個畢業生麥特與派恩為例：麥特在八次的面試中，獲得七個工作機會；派恩則只勉強得到一份工作，且兩年後即遭解雇。原因何在？麥特在校學業成績並不突出，但人際關係圓熟，和他共事過的人都喜歡他。而派恩的專業能力雖然十分出眾，最初也有許多企業競相爭取他；但他態度傲慢，與他共事過的人都不歡迎他。一成一敗的原因即在於，麥特較派恩擁有足夠的「情緒智力」。

高曼認為若要工作順利，需要五種情緒智力，各種智力又包含若干情緒能力，總計二十五種工作的情緒能力（工作EQ），並可細分為「個人」與「社交」兩部分：

個人能力——決定我們如何自處

1. 自我察覺（self-awareness）：明瞭自己的內在狀態、喜好、資源和直覺，包含：情緒的察覺、正確的自我評量、自信等三種情緒能力。

2. 自我規範與自律（self-regulation）：處理自己的內在狀態、衝動和資源，包含：自我控制、值得信賴、良知、適應力、創新等五種情緒能力。

3.動機（motivation）：引導或助長達成目標的情緒趨向，包含：成就趨力、承諾、主動、樂觀等四種情緒能力。

社交能力——決定我們如何處理人際關係

1.同理心（empathy）：覺察他人的情緒、需求和關切，包含：了解別人、服務取向、幫助別人發展、善用多元化、政治意識等五種情緒能力。

2.社交技巧（social skills）：引發適當反應的嫻熟度，包含：影響力、溝通、團隊領導、改變催化、處理衝突、建立連結、分工合作、團隊能力等八種情緒能力。

高曼所稱的「社交能力」或「處理人際關係」，指的就是「職場溝通」。他在這方面詳列了十三項情緒能力。例如，「同理心」是指善用職場的「多元化」特質，藉由團體成員的歧異性而開闊視野、再造新機；而同理心的「政治意識」是指，能解釋團體的情緒暗潮和權力關係，這是在家庭或學校等單純環境中，難以想像卻不能無知的職場真相。也就是說，你可以不加入某些與權力鬥爭有關的團體，卻不能「渾然不覺」這類團體的存在而誤觸權力關係的地雷。至於

「社交技巧」是指要擁有說服力，才能與人溝通、發揮影響力；要懂得鼓舞及催化，才能帶領團隊成長；要懂得培養有益的關係，才能建立人脈。

我們常因工作 EQ 或職場溝通的功力不足，在人際互動時傷痕累累！大多數人在進入職場前，盲目以為自己的溝通能力已然足夠，或「樂觀」地相信只要不斷「嘗試錯誤」就會溝通成功。其實這不僅得付出龐大、不成比例的代價，而且溝通的挫敗也可能讓人一蹶不振，失去日後表現傑出的機會。

從前我以為「溝通順暢」是理所當然，「溝通不良」則十分丟臉甚至是世界末日。其實，溝通順暢是不斷嘗試、修正後豐收的甜美果實。若沒有特別的努力，人際誤解及溝通不良只會反覆出現。

要圓滿達成工作任務，就得與每一關卡的人「有效溝通」，也就是上司能領導下屬、同事能互助合作、下屬能得到上司的信任、顧客能對產品及服務感到滿意；反之，工作挫敗則來自缺乏良好的溝通，當對方不肯跟你合作時，往往便會事倍功半，甚至徒勞無功。

職場上若人際不和，嚴重時會造成失業、危害身心健康，這也是所謂「和為貴」，以及「天時、地利、人和」的價值所在。星雲大師說過一個關於「和諧」的故事：

有一戶人家看到戶外寒風中有四個老人，分別是和諧、成功、財富、平安，想請他們進屋裡喝杯熱茶、暖暖身子。老人們卻說，只能請一個人進去。這家人商量後，決定請「和諧」進來。沒想到，和諧進來後，另外三位老人也跟著進來了。

原來，和諧走到哪裡，成功、財富、平安都跟著來。

職場溝通之學海無涯

我早在民國七十二年就教授溝通課程，那時剛讀碩士班，大學時代的恩師張正男教授將他在社教館的「口才訓練班」分一班給我。當時自己也真是「初生之犢不畏虎」，竟敢擔起這個重任！

民國七十七年我讀博士班時，又自以為有「創意」（其實是膽大妄為）地開設「教師口才班」，不料非常受歡迎，班班爆滿。一帆風順的開班經驗，讓我天真地以為溝通就只是照著理論、原則，就可以「萬事亨通」。等到自己拿到博士學位，真正在職場上擔任小主管後才發現，溝通的理論與實際之間，有著好大的差距——比起在國中時當班長、大學時接社團負責人、研究所時擔任研究助理等，所需的溝通技巧要多太多了！

職場不同於家庭或友誼圈，同事或顧客並不了解你，也不一定會包容、體諒你。當他們發覺你「辦事不力」時，就可能直接指責、糾正你，甚至讓你覺得難堪。所以，我們不能像電視廣告那樣：「我是當了爸爸以後，才學著當爸爸」。若凡事都要先經驗過才能學會，這樣的學習不僅太慢，而且可能來不及。

不論你現在是學生、初入職場、準備升等或已居於主管地位，想要擁有傑出的職場溝通能力、建立自己的人脈，就得謙卑地學習、再學習；走出親友及個人自尊的「保護傘」，勇敢承受職場上的冷言冷語、粗聲粗氣、疾言厲色。能應付過來，則人際關係自然更加圓滑順利；若應付不了，則再接再厲。總之，成功一定會留給準備好的人。

職場人際關係的經營

人際溝通可分「公」、「私」兩領域：「私領域」是與家人、知心好友、戀人以及你的人生導師等，屬於親密關係與個人情誼的溝通；「公領域」的溝通則是從學生時代的企業實習、打工到成為正式員工、主管等，在職場上與相關人員的互動與合作。若私領域的人際溝通已令你感到頭痛，那麼公領域的溝通就更不能掉以輕心，其中的訣竅與奧妙，必須更用心地觀察與探討。

「廣結善緣」比想像中困難得多，若輕忽職場人際關係的經營，與同事、顧客的關係就容易鬆動甚至瓦解。以我來說，擔任主管時，以為別人理所當然會尊重我的職權、服從我的領導、配合我的想法；但自己卻沒有真正傾聽別人的想法，尤其是聽到別人的「心聲」。

之前，我曾在另所大學擔任學生輔導中心主任四年，感覺頗為順利愉快，真正的原因是遇到了「貴人」。我的同仁均十分圓融、幹練，很注重職場倫理。我的上司很有擔當，不但能尊重及欣賞下屬，當我遇到困難時還能支持及信任我，大力協助我解決各種疑難雜症。因為他們的職場溝通功力足夠，我才能搭上「順風車」。

後來我到了S大師培中心，雖然同樣擔任中層主管，但性質其實差異頗大。我是教授兼主任，同事除了幾位祕書、助理外，多是大學教授（並非我的下屬）。當我央請這些教授分擔行政業務時，他們覺得自己並未減授鐘點，或獲得行政津貼，為什麼「應該」幫我的忙？我以為大家應集思廣益、眾志成城，他們卻認為是額外負擔，所以不願意配合。其實從他們的角度來看，當然也有道理，何況他們還是幫了我不少忙。同事之間會產生不愉快，是我的期待及溝通出了問題。

職場是個依職責分工、依法令規章運作的地方，不像大學社團擁有志同道合或革命情感，更沒有至親好友間血濃於水、掏心挖肺的真情。所以不能等到建立感情、成為朋友後，才開始工作；更不能天真地以為別人應該對你付出感情。多年以後，我才想通這個道理！我輕看了「感情」，若沒有付出足夠的真情，怎可能獲得別人的真心？另方面，我也輕看了「理性」，職場上應把「法」、「理」擺在前頭，最後才講「人情」。

師生關係也一樣，不盡然是「一日為師，終身為父」；其實，即使是導師也無法與每位學生建立關係，何況我還兼任行政主管，與學生的接觸更少，師生關係自然淡薄！所以有些學生不信任或誤解我，是很正常的事，因為他們並不覺得跟你親近；當你影響到他們的權益時，就更沒什麼情面好說。

至於我的下屬——承辦實習津貼業務的同仁，姑且不論他還是新人、對業務及服務對象不熟悉；若連當了三年主任的我都還掌握不了狀況，怎能「奢求」下屬幫我阻擋足以燎原的星星之火？

職場需要哪些溝通能力？

各企業的徵才條件中，少不了「具有良好的人際溝通能力」、「抗壓性高」、「能與人和睦相處」、「意見不一致時，能理性溝通」等。*Cheers* 雜誌每年調查「大企業決策者最愛的大學畢業生」，以二〇一二年來說，八項調查指標包括：專業知識與技術、穩定度與抗壓性、解決問題能力、團隊合作、學習意願與可塑性、國際觀與外語能力、創新能力、融會貫通。當中，與職場溝通最為相關是「團隊合作」，指的是有團隊精神，能與同事合作無間。間接相關的則有「穩定度與抗壓性」、「學習意願與可塑性」，是指能接受上司、前輩、同事、顧客等給你的批評與建議，願意努力改進及做得更好。

所謂「新人類」、「新新人類」、「九〇以後」（一九九〇年以後出生的一代），在職場上常令人不太放心，因為，這些世代的成長環境較優渥、沒吃過什麼苦，父母的教養方式較開明，所以給人一種抗壓性不足、「自我中心」的感覺。星雲大師曾說：

現在年輕人一個很大的問題就是不認錯。過去的人沒有道理就會認錯，現在的年輕人沒有理也不認錯。

李開復（2006）則發現，當代大學生不可忽視的缺點中，最讓人擔心的就是他們普遍缺乏處理人際關係的能力與技巧。主要原因是：獨生子女、習慣「自我中心」。尤其是學業競爭中處於優勢的孩子，會產生異乎尋常的優越感，常忽視人際交流的鍛鍊，甚至認為別人只是陪襯。

許多職場新鮮人都罹患「職場不耐症」（羅介妤，2011），不斷跳槽、轉業，結果對自己及企業都是「雙輸」。

職場不耐症的「症頭」包括：眼高手低愛計較、自我感覺超良好、缺乏工作原動力、職涯目標不明確、人際關係搞不定。尤其最後一項「人際關係」，由於職場價值觀與主管不同，所以上下之間相處不來，與同事也是如此。新鮮人遇到人際問題時不會主動解決，加上不願委曲求全，人際出問題就乾脆直接辭職，成了大家眼中的「慣寶寶」或「草莓族」。

職場新鮮人若要獲得上司與同事的認同，應與之建立「亦師亦友」的關係。尊重、禮貌不可少，要記得稱呼別人的職銜；在會議或一般場合遇見同事時，應眼神交會、釋出誠意與善意。

聯電榮譽副董事長宣明智在〈給社會新鮮人的10封信〉(2008)說：

年輕人不要斤斤計較，老闆給多少我做多少，要open-minded（心態開放），虛心受教。一個人成不成材，最大的責任是自己。

在*Cheers*雜誌(2011)刊載的〈二〇一一新顯學——好人也要懂心機〉裡，許書揚說：「一個成功的職場工作者，要有所謂的『善良心機』，簡單地說就是要眼利、心細、嘴甜。」吳若權則說：「對工作者來說，做人甚至已經成為做事的一部分。……辦公室的工作通常都需要橫向的人際聯繫，更應該把對人的態度放入工作的一部分。」

職場溝通的職前訓練

我教授「溝通與表達」課程已許多年，但推廣此類課程並不容易，因為國人的民族性較為含蓄、忍讓，又講究輩分、服從、和諧，自小就很少被鼓勵「多說一些」、「誠實表達」。壓抑久了，一有機會表達時，容易變成嚴厲指責、不考慮別人的感受，也不接受別人的解釋。我希望更多學生能了解：溝通與表達是每個人的權利，要練習「如何聽，如何說」或有效表達，才能增進相互了解、真情相對、團隊合作與工作效能。

會選修「溝通與表達」課程的同學，多是為了未來工作需要，屬於工具性目的；真正感受到自己「應表達而未表達」、鼓起勇氣想自我突破的屬於少數。另一方面，我國教育一直以升學為目標，幾乎無暇顧及溝通與表達的訓練。直至讀大學，因為缺乏這方面的能力而容易與住宿的室友、社團的幹部或社員、課程分組的組員發生人際衝突，嚴重影響生活與心情。

其實，「亡羊補牢，猶未晚矣」，大學到研究所階段，恰是學習「溝通與人際關係」的黃金十年。美國著名的精神科醫師、新精神分析派代表人物艾瑞克森(Eric H. Erickson)提出「心理社會發展論」，將人生發展分為八階段，其中第六階段「成年早期」(十九－三十歲)，就是人際關係發展的關鍵期；發展成功即能與人「友愛親密」(intimacy)，反之則會「孤僻疏離」(isolation)。這個階段也符合孔子所說：「吾十有五而志於學，三十而立。」是成家立業之前的「裝備期」，學習人際關係的經營與溝通技巧，才能順利找到人生伴侶及工作夥伴。

民國九十六年五月，臺大校長李嗣涔收到一封自稱「藍領勞工」林先生的電子郵件，指出有些社會新鮮人「活在高學歷的光環下」、「過於自私」、「沒有時間觀念」、「身段不夠柔軟」、「缺乏謙虛」、「沒有敬業精神，不夠尊重工作」、「藉口太多」等。林先生說：

學校注重專業的同時，似乎在社會大學應有的工作禮儀、企業倫理等課程稍嫌不足。社會新鮮人必須表現得更謙虛，前輩才會樂於教導。年輕人即使有建言，也應修飾其言詞且態度溫和，不應有人身攻擊或出現傷害對方的言語。

他指出，社會新鮮人身段不夠柔軟，建議學校應安排學生（包括博士班）打掃公共區域，可能對「放下身段」有相當的體會；自視過高會影響工作態度，而正確的工作態度比高學歷及專業重要許多。林先生希望臺大能重視此事，讓學生了解進入職場應有的工作態度與倫理。李校長將此信轉寄給全體師生，希望「大家省思、警惕參考」。

當年的畢業典禮上，李嗣涔對畢業生說：

首先，我想提醒你們，從今以後的旅程，不會再像以往一樣好山好水、一帆風順。作為社會的新鮮人，你要學習如何當部屬、接受長官的指揮；你要學習如何與別人團隊合作、把事情做好；你要學習如何與人溝通、消除誤會。如果你能建立正確的工作態度及工作倫理，比如像謙虛、敬業、不諉過、守時、為別人著想等等，你必然能克服困難，發揮你的才能，請記得「你的態度決定了你未來的高度」。

民國一百年五月，李嗣涔寄給畢業生一封電子郵件，指出針對校友及企業界廣泛的意見調查後發現，臺大同學最需加強的包括：團隊精神、工作態度、溝通協調、抗壓能力等。有一位熱心的企業界朋友整理出「十四點給社會新鮮人的建議」，當中，與溝通協調直接相關的內容如下：

1. 保持熱情，別太在乎薪水、職位與升遷，熱情會帶來卓越。
2. 盡量避免事後請假，「臨時不出勤」將造成團隊相當大的困擾。
3. 不輕易說出「這不是我的工作」或「這太簡單了，找別人做」等推諉的話。
4. 不要說出「沒辦法、我不會」或「太困難了」的洩氣話語。
5. 開會時別當木頭人，也別輕易丟出太過簡單的問題。會議前應對討論主題深入了解、充分準備，會議中要提出建設性的問題及發表自己的見解。

6.對同事及主管應有同理心，實現同理心至少可減少百分之六十五的人際衝突。

7.別把責任推給他人，要有自省能力，勇於承擔責任與壓力。

當年的畢業典禮，李嗣涔希望畢業生記住「態度決定高度、高度決定格局」。專業能力及工作態度是兩項職場最看重的能力，臺大畢業生的專業能力沒問題，但工作態度則有待加強。

民國一〇一年，臺大畢業典禮邀請了臺大校友、中華文化總會會長劉兆玄擔任致詞貴賓。他說：

最能代表臺大校園的樹就是椰子樹了。一進羅斯福路的校門，兩排參天椰林夾擁著那條大學之道，是何等的氣勢！而椰子樹的特色正是「只顧自己往上長，連一點樹蔭都不給。」你到臺南成功大學的老校園看一看就不一樣了，最有代表性的是那些盤根錯節的老榕樹，真是「落地生根，枝繁葉茂，亭亭成蔭」。你如到新竹不妨去清華校園走走；一進校門左右都是松樹，它們長得顧盼生姿、挺拔傲人，自我感覺非常良好。

成大校長黃煌輝也曾指出臺大人「眼睛長在頭頂，常常會去撞到電線桿」（修瑞瑩，2011）。黃煌輝解釋，所謂「撞到電線桿」是指臺大人與他人相處時，常常因為態度高傲，使對方不想理臺大人、不願配合而遭遇阻礙，因此無法完成事情。他表示自己是一片好意，並認為臺大人優秀，當然會自信、自負，但自負可放在心裡，表面應謙虛，希望藉此教導臺大人，收起高傲、學習謙虛，人生會更成功。

真實作業與成長

1. 以一個自己的「難以磨滅的職場溝通挫敗」為例，探討其原因與後遺症。如果可以重來，你會怎麼做？
2. 據你的觀察，現代年輕人一直被批評為「不擅處理人際問題」的原因為何？你的看法為何？

第2堂

各行各業為何注重及改善溝通技巧？

我是專家，我超強的！
總之，妳這是「後十字韌帶撕裂性骨折」，要動手術，如果不把××骨頭接回○○關節，就會產生◇◇後遺症。去照×光以確認骨頭有無移位，還有……（一堆專有名詞及術語）
Stop!!
打打打打打……
（打字）
等等！我還是不明白我的腳到底怎麼啦？

嚴長壽創辦的臺北亞都麗緻大飯店，常受顧客誇獎「服務好」；我為了親身體驗，某天訂了位，全家一起去喝下午茶。果然，整體感覺確實不錯，如：

1. 服務人員足夠（停車場、門房、服務臺均有二人）。
2. 服務人員服裝整齊、美觀（女生皆梳包頭）。
3. 服務人員均會主動向客人問候（如您好、謝謝光臨）。
4. 場地雖不大，但座位均能設計成各自獨立的形式。
5. 送菜或上點心時，均會加以介紹。
6. 服務人員「續杯」（無限量添加咖啡、奶茶）的動作十分迅速。

嚴長壽在《御風而上》（2006）這本書，提到民國八十七年二月至八十八年六月期間，他接掌遭逢火災的圓山大飯店後不久發現，圓山大飯店最大的問題在於心態保守，遇到事情都從「我」的角度思考。於是他帶著所有主管到飯店大門口，要他們觀察進入飯店的每位客人，猜猜他們是來做什麼的？由於這些主管有多年的專業經驗，所以多能準確猜測。接著，嚴長壽再帶他們到飯店的外面，要他們改變角色，假設自己是客人，對飯店會有什麼期待？他提醒飯店的同仁，要放下「本位主義」，並且：

將你的神經細緻化，設身處地為對方著想，這也是一種溝通。

溝通並不只發生在雙方接觸之後，也包括在接觸前的細心觀察；多次練習，才能精準猜出對方的情況及情緒。

不是單方面地希望將自己的意見表達完整，溝通是我聽你說，甚至在你說之前，我已經體會了你的感受。

溝通技巧是教師的看家本領

餐飲旅館等服務業，必然注重及不斷改善溝通技巧。其他行業呢？又會如何看待溝通能力？以「教師」這個行業來說，需要透過溝通與學生、家長、學校行政人員、教師同儕等互動。尤其與學生的溝通，更要戒慎恐懼——消極的要避免無意間傷害學生脆弱、還未成形的自尊心；積極的則是透過絕妙的技巧，使學生信任並接受你的引導，幫助學生建立自信心。對於未成年的學生，老師更需謹言慎行。教育工作被稱為「十年樹木，百年樹人」，所以要有極大的耐心，「教不厭，誨不倦」及「循循善誘」。

我國於民國九十五年修正公布施行的《教育基本法》第八條指出：「學生之學習權、受教育權、身體自主權及人格發展權，國家應予保障，並使學生不受任何體罰，造成身心之侵害。」正式宣告我國「零體罰」時代的來臨。

依教育部的規範，「體罰」不僅是指加諸學生身體上的處罰，也包括言語的傷害，如：誹謗、公然侮辱、恐嚇、身心虐待、罰款、非暫時保管之沒收或沒入學生物品等，詳如教育部表列：

教師違法處罰措施參考表

違法處罰之類型	違法處罰之行為態樣例示
教師親自對學生身體施加強制力之體罰	毆打、鞭打、打耳光、打手心、打臀部或責打身體其他部位
教師責令學生自己或第三者對學生身體施加強制力之體罰	命令學生自打耳光或互打耳光等
責令學生採取特定身體動作之體罰	交互蹲跳、半蹲、罰跪、蛙跳、兔跳、學鴨子走路、提水桶過肩、單腳支撐地面或其他類似之身體動作等
體罰以外之違法處罰	誹謗、公然侮辱、恐嚇、身心虐待、罰款、非暫時保管之沒收或沒入學生物品等

教育部並補充說明：「本表僅屬舉例說明之性質，其未列入之情形，符合法定要件（基於處罰之目的、使學生身體客觀上受到痛苦或身心受到侵害等要件）者，仍為違法處罰。」

由於老師不當的溝通方式可能對學生造成「語言暴力」，而使學生心理受創。教育部不僅規範教育工作者不得對學生有身體及言語的傷害，更期望老師以「正向管教」來糾正學生，同時亦列出具體步驟：

1. 先以「同理心」了解學生，再給予指正、建議。
2. 清楚說明或引導學生討論不能做某事的原因，當他不再做出該行為時，要盡速且明確地加以稱讚。
3. 具體說明原因或引導孩子討論要做某種好行為的原因，當他表現該行為時，明確地加以稱讚。
4. 利用影片故事或案例討論、角色演練及經驗分享等，協助學生了解不同行為的後果，協助孩子學會自我管理。
5. 用詢問句啟發學生思考行為的後果，以增加學生對行為的自我控制能力。
6. 對學生負向行為給予指正前，先對正向行為給予稱讚。

7.具體告訴學生是「某行為不好或不對」，不是「整個人不好」。

《工作大未來》一書作者村上龍（2007）指出，現代老師要變成「懂得人生」的人，還要能「充分與學生溝通」，否則即無法贏得學生的信賴。他說：

今後所追求的理想教師典範，是能充分與學生溝通，而且都要先能夠「充實自己的人生、充分享受自己的人生」，再與孩子們接觸。

所謂「充分與學生溝通」是指，老師藉由溝通技巧，體會學生的學習困難、恐懼、挫敗、痛苦，建立緊密的師生關係；然後再以自己「充實的人生」經驗，與學生討論及引領他們未來人生的方向。

老師的溝通技巧也展現在「特別會教」（善教者）這方面，使學生產生學習興趣，不害怕學習且有學習的成就感；即使老師不在身邊，也能自動自發地學習。我讀國二時的導師蔡明雪老師，她教數學就有這種功力，不僅當時幫助我克服學習困難，聯考的數學科分數也突破個人極限。直至今日，我仍對國中數學充滿信心與好感，女兒國中時還到她班上當「數學志工媽媽」，每週利用一節早自習課，教全班數學兩年。

醫師與病人，該建立什麼樣的關係？

《愛．醫藥．奇蹟》（邵虞譯，2001）一書的作者伯尼．西格爾（Bernie S. Siegel），在行醫二十年後發現，壓力已榨乾了他的同情心，若再不改變態度，就無法繼續行醫。醫師的態度對病人的影響極大，若一直是個機械化的醫師，長期來說一定會失敗。若醫師願意作為輔導者、教師、療癒者，接受病人是一個有選擇、取捨權利的自由個體，醫病之間形成一個團隊，則醫師永遠有貢獻，甚至在病人死亡前也能幫得上忙。醫師應該學習隨時給病人希望，即使看來似乎是最後的時刻。

西格爾提到自己的具體改變包括：打開辦公室的門（以及自己的心門），和病人平等地面對面互動、鼓勵病人喊他的名字、和病人擁抱等。醫師要學習和病人交談，而非只是處理病歷；如果沒學會與病人談話，就會感到孤單。即使在手術室，仍可用各種方法與病人溝通，尤其要避免負面訊息。西格爾認為，醫師與病人無法有效互動，是因為醫學院僅教醫師認識疾病，卻不懂疾病對患者的意義；此外，醫師要讓自己成為「享有特權的聽眾」，因為病人告訴他內心深處的想法，才能知道病人的生命中哪裡出了問題。除了頭腦與手，醫師也能給予心；以愛來行事的醫師不會筋疲力竭，也許生理上會疲勞，精神上則是充沛的。

臺北醫學大學五十週年校慶時（施靜茹，2010），邀請了耶魯醫學院教授許爾文．努蘭 (Sherwin B. Nuland) 演講，題目是「二十一世紀的醫療倫理——成為一個醫生最重要的事」。他說：

> 醫師太仰賴各式檢驗結果，無暇為病人觸診或和病人眼神接觸，醫學教育應重新檢討。……醫師關心病人，對病人有同理心，還是不變的真理。

成立已二十年的和信治癌中心，院長黃達夫一貫堅持（廖乙臻，2010）：「醫院只有一個目標，病人第一。這永遠不會改變。」為了將「病人為先」的觀念貫徹，即使醫院虧損，服務的品質也不打折扣。黃達夫問診時，初診至少四十分鐘；他傾聽病人的煩惱，不會打斷病人講話。黃達夫說，臺灣病醫關係愈來愈差，病人漸漸不再信任醫師，這部分醫師該負起一切責任，因為唯有以病人為最優先，才能讓病人完全信賴醫師、改善病醫關係。

嚴長壽(2006)也認為：「要想做一個成功的醫生，第一個要學的可能不是如何治病，而是如何贏得病患對你的信賴。」如何贏得病患的信任呢？我們稱讚醫師「仁心仁術」，就是希望醫師同時要有關懷病患的愛心。可惜，理想與現實有頗大的落差，如嚴長壽所說：

我們常常以為的專業，總是將它定義在技術面上，而忽略了專業的態度其實比技術更為重要。……我們的醫科教育教導學生各種醫學知識與技術，卻很少告訴他們作為一個醫生，你最需要的是愛心與服務熱忱。

嚴長壽說，如果醫生一面開藥，一面能告訴病人，開的藥方是為了治療什麼、藥不能開太重以免影響到什麼，請病人要有耐心、不要急，多久的時間之後病就會好了等等，就能避免病人因為覺得怎麼還沒好，又找另一個醫生、再看一次病。他強調：

我們這個社會目前普遍缺乏的，可能就是對專業態度的正確了解。也難怪看到許多人擁有了專業技術就目空一切，無法與人共事或見異思遷。……不要忘記愈文明的社會，就愈要注意對人的尊重，因為尊重別人，才是尊重自己、尊重你的職業的第一步。

醫師不能只扮演機械化的角色，那會失去同理心。同理心談何容易？醫師要如何了解病人的痛苦、正確協助病人解除困擾呢？畢業自哈佛醫學院醫學系的安德列・威爾（Andrew Weil）醫師，著有《自癒力》(*Spontaneous Healing*) 一書，結尾談到「醫學教育的根本改革」，其中最後一項提到：

提供溝通藝術的教育，包括與病人晤談、記取病歷及說明療法的適切方式，以幫助開啟身體的痊癒系統。

所以，要贏得病人的信任、幫助病人真正痊癒，醫師不只需要醫術，也需要溝通的藝術，如：面帶笑容、眼睛注視對方、態度親和（讓病人或家屬敢發問）、措詞委婉、能回應病人的需求或疑問、善於鼓勵及安慰（給病人勇氣）、正確指引……。

法官要注重說話藝術嗎？

民國一〇一年成立的「司法院法官評鑑委員會」，首波評鑑結果（王文玲，2012），有兩位法官被議處休職半年、記過兩次，部分原因即是他們擔任法官多年，忘記同理心以及對當事人之人格的尊重，在法庭上語言表達不當，有時嚴詞厲色，有時輕率譏諷。如：

我們講法律，你們不懂的話，請把嘴巴閉起來。
不要再講了，我聽懂了，這些一樣的話，我們要重複幾遍？
我搞不好還會重判一點，都有可能喔！我是跟你講白喔！
講明白一點，你要這樣子上訴，就是浪費大家時間。
真的不重，五個月不重，又給你易科罰金，我不會害你的啦！

由上述法官評鑑結果，以及其在法庭上不當的語言表達可知，儘管法官可對犯人定罪，不表示就可以任意羞辱。法官也須在言詞上自我約束，不要如嚴長壽所說「擁有了專業技術，就目空一切」。

時間的分配與溝通

老師對學生、醫師對病患、法官對當事人，乍看均有「上對下」、足以左右對方未來人生的權力，若不能正確溝通，就會造成對方的不信任、危害對方的權益，也失去了這些行業存在的真正價值。

為什麼有些法官不能正確溝通呢？除了如嚴長壽所說的態度問題外，也可能是時間不足以至於失去耐心。教師及醫師也有類似的問題，他們可能會抱怨：同時要面對這麼多人，尤其是不聽話的學生與怪獸家長、不配合的病人與醫療糾紛，怎麼可能保持耐心？怎麼可能會開心？某些「名醫」半天門診量即輕易破百，不僅病人分配到的時間很短，也影響醫師的正常餐飲及休息；許多病患及家屬又非這些名醫不可，形成惡性循環，使醫師及病患「雙輸」。病患的身體可能還沒好，醫師的身體已先變壞；病患期待名醫看診，卻未必得到應有的關懷。

我國法官的負擔也不比醫師樂觀，雖然如此，也不能影響心情，以致以情緒化的言詞、態度面對當事人，而且當事人不論是否為罪犯，仍應予以尊重，不應嘲笑或教訓對方。教師的工作時間或許沒有醫師、法官那麼長，但因教育是良心事業，若要為學生付出，所花費的時間、精力也難以計算。綜觀上述，教師、醫師、法官如果沒有較多的時間可分配給學生、病患、當事人，就無法真正盡到本分。

以我個人來說，目前在五個大學兼課、共八個班，學生總共超過四百人，若以平均每班五十人、每週上課二小時（實際一百分鐘）計算，每位學生只能分到二分鐘。所以我常撥出課後時間為學生解惑，但仍不能照顧到大多數學生。因此我計畫減少授課校數、時數及學生數量，才有充裕的時間及心力，真正關懷並與學生一起成長。

服務的核心——以人為本

絕大部分行業不論是否直接面對服務的對象，所做的事都跟「人」有關，職場溝通的意義，更在於「以人為本」的價值，不要輕忽其中的重要性。礁溪老爺酒店的總經理沈方正(2010)，就很看重這部分，他期勉同仁要「做人的事」，不要只是「做事的人」。

有一次，飯店發生一件讓他很生氣的事：有對日本夫婦慕名前來飯店住宿，之後對飯店的設施提出詳細的建議，寫成一封信寄給他。沈方正除回信表達感謝外，還寄了一張住宿券，希望他們再來看看改進的成果。對方答應了，並表示他的太太很會做日本「手紙」（手工的信紙或包裝紙），在日本擔任老師，來臺時願意跟飯店的員工與顧客分享。

當他們再度造訪時，沈請公關安排在館內舉辦手紙教授活動，但開始的前一小時沈才發現，竟只有六個人參加（二位房客、四位員工）！因為訂房部沒有跟房客多加說明與宣傳，公關部也只當成一般「例行活動」辦理。沈很生氣，把所有主管跟負責的同事徹徹底底罵了一頓。沈在意的是，因為客人的熱心，還有之前與飯店的美好回憶，才促成今天的因緣；飯店服務既是「以人為本」，不僅不該辜負這對日本夫婦的心意，更應努力分享給更多顧客，讓感情不斷在其中交流，並使故事繼續下去。

沈發過脾氣後，第二天就來了十幾位客人。因為承辦同仁做了一張大海報放在櫃臺旁，也打電話給第二天要來的客人，慎重地介紹這個活動。這對日本夫婦看到了飯店的心意，感到非常高興，送了好幾幅作品給飯店留念，並表示明年還會再來。

依《遠見》雜誌的調查，礁溪老爺酒店的服務品質在同業中數一數二，就是因為把握了服務的核心——以人為本。沈方正要同仁時時提醒自己：每件事的背後都有「人」在，如果只是做「事」，「事」是沒有回饋的；但「人」的感情不斷在組織中流動，才會感受到溫暖。

沈方正說(2010)：

當大家把事情當成事情辦，故事就跟著結束了。一個高級的飯店服務業，也就變成二十年前臺灣的公家機關，這不是很可笑嗎？

還好，他說的是二十年前的公家機關；如今，公務人員也不斷加強服務品質。除了國家文官學院開設「人際關係與公務溝通」課程，讓公務人員持續在職進修外，各縣市或個別公務單位，也會定期或隨機考核員工的溝通狀況。例如在「財政部高雄市國稅局電話服務測試作業要點」中，就具體列出測試項目及評分標準，如：

1. 接電話速度：電話鈴響四聲或十秒內接聽。
2. 電話禮貌：

a.首先清晰報明單位。

b.道「您好」、「早安」等問候語。

c.能確認來電者欲洽辦單位或對象。

d.結束時有道再見或其他禮貌性結束語。

e.轉接電話時，告知將轉接電話之分機號碼／業務單位或業務承辦人員，並說：「幫您轉接，請稍候」等禮貌用語。

3.業務單位忙線時，向來電者委婉說明：「對不起，○先生（小姐）正在電話中，請稍後再撥；或洽請其他代理人」。

4.總機人員接聽態度須熱誠。

5.加分項：

a.為便於進一步洽談，能確認來電者姓氏。

b.如須耽誤較長時間，說：「請稍候」，或請對方留電話號碼再回電。

c.暫停接話、重回線上時，說：「讓您久等了。」

d.轉接電話，告知將轉接電話之分機號碼及承辦人姓名（氏）。

e.轉接電話，說：「幫您轉接，請稍候」等禮貌用語。

f.午休或下班時間，提供轉接至服務專線。

以「午休或下班時間，提供轉接至服務專線」這項服務來說，相信一定能讓民眾感到友善與方便。我至今仍常因在公務單位午休時間找不到承辦人員，無任何服務專線能夠回應而苦惱不已。

為了解各行各業的服務品質，《遠見》雜誌自二〇〇三年起，連續舉辦服務品質評鑑，包含：速食業、便利商店、房屋仲介、百貨公司、休閒飯店、大眾運輸、購物網站、醫療院所、主題樂園、筆記型電腦、汽車販修、平價服飾及居家通路等行業，至二〇一二年已調查過二十種業態。此外，二〇〇七年時曾調查縣市政府「為民服務」（民眾服務中心）的部分，結果平均成績僅四十三點零一分，其中臺中縣以七十分成績勇奪第一。調查的基本測試題目如下：

1. 基本專業能力
   a. 民眾詢問門口警衛或服務人員停車資訊。
   b. 民眾到服務臺詢問辦理外傭聘雇事宜。
   c. 公務人員能詳細回答民眾關於外傭跑掉等專業問題。
   d. 民眾詢問志工如何辦理失業補助。
2. 基本服務能力

a.民眾假裝在電梯、樓梯口或走道的公務人員前東張西望、尋求協助。

b.民眾詢問打掃中的清潔人員某局處的位置。

c.民眾在任一局處洽談過程，接了一通超過五分鐘的電話，承辦人員能耐心等候並接續洽談事項。

3.基本環境維護能力：公共區域沒有垃圾、沒有不合時節的告示、植栽沒有灰塵且洗手間備品充足且沒有異味。

4.基本服務禮儀

a.民眾到該單位詢問申辦事項，該單位處室公務人員親切回答。

b.民眾詢問衛生局人員關於外傭健康檢查事項，人員服務態度親切。

5.解決一般問題能力

a.民眾故意走錯到非主辦單位。

b.民眾假裝聽不懂，不停地重複詢問。

c.民眾申辦證件不足，往返再取證件又太耗時。

d.民眾故意提出不符合規定的申請事項，要求公務人員協助。

e.民眾向任一公務人員詢問交通方面的建議該如何讓縣市長知道。

6.魔鬼大考驗題：例如，民眾在局處單位洽談過程中，不停抱怨、發牢騷。

後來其他縣市政府紛紛把便民重心放在「一九九九專線」，結果嘉義市在二〇一二年「第十屆傑出服務獎」中擊敗其他縣市，成為公部門唯一的獲獎代表。

嘉義市「一九九九便民服務專線」，是委託中華電信嘉義營運處協助市府設置，有九名服務人員，輪班提供二十四小時全年無休的服務。不論市民有任何問題反映、陳情，或是外地民眾詢問本市好吃、好玩的地方，話務人員都會盡力協助。專線獲獎主因是「話務人員表現出濃厚的人情味」，當調查的神秘客詢問「家裡小朋友一天到晚玩暴力遊戲，我怎麼辦？」話務人員仍熱心查詢相關文章，再以自己的手機回電給民眾。

「神祕客」是由《遠見》雜誌挑選領有國際驗證執照，並接受過神經語言程式學（NLP）訓練的人士擔任，利用五個月時間，拿著以「基本服務態度」為主、「魔鬼大考驗」為輔的測試劇本，假扮成一般消費者，親赴電腦隨機取樣的五百四十個營業據點，以明查暗訪的方式進行。

以二〇一一年第九屆受評鑑的服務業（王一芝，2011）結果來看，總平均為五十一點零四分，比上一年進步三點九八分。二百一十九家業者裡，有二成四高於六十分。其中，第一名為七十七點一三分的臺新銀行；而日本票選旅館綜合排名連續三十一年蟬聯第一的加賀屋，首度列入訪查，同樣締造業界第一的成績。公立醫院在服務水準方面，相較過去也有長足的進步；另外像是「婦協無線計程車」、「王品集團」分別在計程車業與連鎖餐飲業上，亦有亮麗的表現。至於第十屆調查的二十個業態（二百六十五家企業），平均分數只有五十點零六分。榜首是高雄漢來飯店（高於八十分），另有一成八的分數高於六十分。

符合消費者期待的主動服務

《遠見》雜誌深入分析發現，二〇一二年的平均分數僅五十點零六分，比前一年退步了零點九八分，題目難度提高是原因之一，但更因我國企業仍停留在淺盤式的被動服務上，跟不上消費者的期待。現代的顧客不會吝嗇於表達感恩，但對於不好的服務也不能忍受。例如臺北老爺酒店會在櫃臺上放一籃蘋果，供客人隨手拿取當做點心，但只要蘋果被拿光或品質不好時，就會接到客人的抱怨。

要符合消費者期待及主動服務，就要更細心地觀察顧客反應，了解並設法滿足顧客的期待。若以「服務品質大評鑑」中的「魔鬼大考驗」來說，依各業態情境設計的「狀況題」，通常要考驗員工在例行事務的狀況外如何臨機應變、保持冷靜，能否心平氣和地協助顧客解決問題。包括：登機前找不到機票、無線網卡密碼的熱感應紙遺失、因多匯錢而要求購物網站協助向廠商索回、打電話到直銷公司抱怨家人沉迷做直銷等。這些狀況並沒有標準程序可依循，只有靠員工對於人際關係與溝通技巧的「敏銳度」來應付。若處理得好，主管、同仁、顧客會欣賞你，職場人際關係亦會更穩固。反之，則會招致愈來愈多的怨言，使個人、團隊、顧客一起受害。

而今，企業挑選第一線員工的條件是：年輕剛畢業、外貌出眾、聲音甜美，但是，年輕人缺乏社會經驗，很難抓住人與人之間應對進退的「眉角」。而且新一代的第一線服務人員是所謂七、八年級生，大多在只有一、兩個孩子的家庭裡長大，從小受到父母寵愛，不太有辦法服務別人。所以，新生代在抱怨工作難找時，應先自問：

- 是否有辦法服務客人？
- 是否能掌握人際之間進退應對的訣竅？
- 是否能保持笑容與禮貌？
- 是否能放下身段或身段柔軟？

・是否能忍受客人的不禮貌及冤枉？
・是否能真正尊重及關心別人？

這些服務的態度，是職前即需加強及具備的地方。若沒有足夠的演練、養成良好的心態，臨場即不可能有突出、令人讚歎的表現。尤其是目前「少子化」時代，受父母寵愛的這一代，更應及早警覺與「改造」。

真實作業與成長

1. 舉自己被服務「愉快」及「不愉快」的例子各一，說明其原因及影響，以及對你的啟發？
2. 以一個「行業」為練習，探討其必須注重溝通技巧的原因，並依據個人經驗或請教別人，找出此行業在溝通技巧上還需改進之處。

第3堂

職場溝通的基本功

禮貌，笑容，國際化
小姐，歡迎光臨！請讓我為您提行李，並帶您到您預約的座位。
Welcome
這些年輕人的服務態度真不錯！讓我有賓至如歸的感覺！
觀光客

基於自己的成長經驗，我對兒女的人際關係與溝通技巧也非常注意，常鼓勵他們多與老師、學長、同學、社團成員多互動，希望他們珍惜父母、良師、益友的價值，學習對人感恩與關懷。不能只要求別人照顧自己，卻不肯或不知如何服務別人。好父母不應只督促孩子取得名校光環，更該教導孩子如何做人處事。要學著注意別人的需求，練習適時伸出援手，與別人應對進退時，才能順利愉快且「佳評如潮」。

為什麼我的成長環境，會讓我特別重視人際關係與溝通呢？

「進退應對」從家庭學起

我一直很羨慕美式教育的親子關係：父母能平等、真誠地與子女對話，子女若與父母意見不同，也可自由表達，父母會耐心傾聽，並與子女討論或澄清。幸運的是，我也有這樣的爸爸。在我八歲左右，爸媽離婚了，我們四個孩子都跟著爸爸；我是長女，弟妹分別才六、四、二歲。一般的父母要了解孩子，都得花不少時間，何況是單親家長？但我的爸爸卻能常常與我們「深度溝通」，話題如：

談談你這一年的檢討與下一年的計畫？

談談你的好朋友與人際關係？

談談你的老師與學校生活？

這些話題挺「宏觀」的，父親想藉此蒐集更多訊息以了解及幫助我們，並增進親子間的親密感。

子女若不願回應父母的詢問，該如何誘導？我的爸爸是「以食物當誘餌」。他藉由帶我們到路邊小麵店吃消夜，達到與我們交談的目的。雖然只是一碗陽春麵，但在民國五十幾年的當時，可是令人垂涎三尺的佳餚。從家裡走去麵攤是一段不短的路途，爸爸與我們邊走邊聊，路過一個小廣場時，還會停下來與我們「開個會」。

當我們長大離家讀書後，爸爸改以書信方式進行親子溝通（當時沒有手機、電腦，學校宿舍也沒有電話）。爸爸告訴我：「寫給你的信別丟了，寒暑假時帶回來。」想不到，當我大學畢業時，爸爸竟將四年來他寫給我的「家書」裝訂成厚厚一大冊。現在成了爸爸留下來最珍貴的遺物，也是我最珍惜的寶物。

爸爸對於人際關係非常重視，從我們國小起，就鼓勵要多交朋友，不但不認為「交朋友浪費時間」或「不要跟某些人交朋友」，反而說：

> 不要待在家裡，出去找朋友玩或請朋友到家裡來玩。與自己背景差異愈大的朋友，愈要結交與來往，才可擴大自己的視野。

爸爸對我們的朋友都很熟悉，也成為我朋友的朋友。他很關注朋友對我們的「正面影響」，而且會告訴我們每個好朋友都有他可以學習的優點。

溝通的價值不僅在於面對人際關係，在待人接物的體現上，更能彰顯其重要性；這當中應對進退的基本功，往往從小就應該善加培養。從家庭開始，子女除了體恤父母的辛勞，也要在實質及精神上回饋父母，如幫忙做家事、為父母慶生。從前我們生病時，父母日以繼夜地看護著；所以現在如果父母生病了，我們也應貼心回饋。

民國一〇一年暑假，我因騎腳踏車而不慎摔倒，結果左腳骨折，打石膏在家靜養了一個多月。因為其他家人都要上班，主要的照顧責任，就落在將升大二的女兒身上。她幫我準備餐點、聽我「使喚」，還陪我去醫院複診，包辦推輪椅及所有看診前後的雜務。

從前，她的哥哥常說我們太寵妹妹、過於保護她，把她當小孩子看待。經過這次磨練，在照顧別人的部分，她的能力迅速成長。我很滿意，不單單是因為她像個大人、能獨立作業了，更由於她良好的態度。

孔子回答「子游問孝」時說（《論語．為政篇》）：

今之孝者，是謂能養。至於犬馬，皆能有養；不敬，何以別乎？

「子夏問孝」，孔子說：

色難。有事，弟子服其勞，有酒食，先生饌，曾是以為孝乎？

這兩段話的意思是指，如果孝順只是單純地拿食物給父母吃，並不困難；唯有心存敬意、和顏悅色地對待父母，才是難得的孝子！

我受傷這段時間，女兒對我始終「心存敬意」，不論表情、動作、語氣，從沒有不耐煩，讓我覺得非常「舒服」。她做到了孔子所說的「尊敬」與「和顏悅色」，是個真正孝順的孩子。

待人處事並不容易，許多做人的道理似乎是老生常談，但能夠知行合一、表裡一致的仍屬罕見。平凡如我們，更需要名人的溝通智慧經常提醒。如：

1. 愛的相反不是恨，而是冷漠。

這句話是一九八六年諾貝爾和平獎得主——利・維瑟爾 (Elie Wiese) 所說。我們日常掛在嘴邊的「愛」，多半只是狹隘、於己有利的戀愛、親情、知心好友的情誼等，這些人關心我們，我們也回報關心。但如果是對我們並不特別好、跟我們沒有什麼關係的人，我們多半不關心他。這似乎很正常，卻會造成人際疏離。尤其職場上接觸的人，大多數都「並不對我特別好、跟我也沒有關係」，於是我們就冷漠以對。如果人際間冷漠、漠不關心成了常態，世界就不可愛啦！

沒有人不需要別人關心，所以不能自私或偷懶，只等別人來關心而不付出心力與時間去關心別人。關心不是心裡想想、口頭說說而已，必須付諸行動。

父母關心子女，表現在照顧子女的三餐及日常生活、安排家人出遊、為子女舉辦特別的活動、參與子女的活動、了解子女的心情等。反之，子女也要關心父母，表現在感謝父母的付出、關心父母的健康、與父母出遊或交談、為父母準備禮物或心意。

對於職場工作夥伴也是如此，如果僅止於共同工作，私下無任何互動，則無法建立私人情誼，更遑論交心或同甘共苦。關心同事可以表現在：利用用餐時間或安排聚會的方式，與同事多相處、多交談，了解其個別的狀況；也應將同事視同朋友、家人般，安排共同出遊及慶生的活動。

2. 嘴巴、脾氣不好，心地再好，也不能算好人。

這句話是證嚴法師所說，德蕾莎修女也說過類似的話：「人最大的缺點，就是壞脾氣。」許多人以為自己脾氣不好是天生的，所以放任自己暴躁、不耐煩的臉色及口吻傷害別人，不思自我調整，還強迫別人包容及諒解，說自己是「刀子口，豆腐心」。但「心好沒人知，嘴歹最厲害」（臺諺），用肢體或言語傷害別人是必須調整的缺點，否則就會成為壞人。

這樣的觀點進一步延伸至社會關係的層面，內政部對於「高風險家庭」即有如此定義：「家庭成員關係紊亂或家庭衝突：家中成人時常劇烈爭執、互毆、揚言報復。」

所以，即便面對我們最親愛的家人、親屬，若因為自己的不順心而在言語或肢體上「波及」或無意地傷害了親人、令他們受苦，仍會造成難以彌補的影響。以實例來說，貧困、單親家庭、隔代教養、罹患精神疾病或酒癮、藥癮、非自願性失業或重複失業、負擔家計者遭裁員、資遣或強迫退休、親屬死亡或離異、身染重病、入獄服刑等，以及家中成員曾有自殺傾向或自殺紀錄者，都屬於「高風險家庭」。若因自己的狀況欠佳而遷怒兒童，甚至在語言及肢體上形成傷害，嚴重來說已經算是犯罪了，所以絕不能以心情不好作為家暴的藉口。

3.三緘其口，讓人以為是個傻瓜，勝過快人快語，教人一眼看穿。

這句話是美國林肯總統所說。基於人類本能，當我們受到攻擊或覺得生氣時，總想發洩出來、不吐不快。但欠缺思考而說出的話，可能尖銳刻薄，傷到對方的自尊而不自知，若對方「以牙還牙」，則會造成人際裂痕。私人情誼頂多絕交、少個朋友；若是職場關係，即可能失去工作、失去生意、失去客戶，或因彼此「面和心不和」及「消極反抗」（間接攻擊），而破壞了團隊合作與工作士氣，削減工作的熱情與績效。

五〇、六〇年代出生的人，非常熟悉「青年守則十二條」。其中第五條「和平為處世之本」，是指與人相處要和平存心、尊重對方、平心論事、避免主觀，還要培養忍讓、包容與妥協之修養，才能預防與化解人際對立。

擴大「和平」的意義來看，由瑞典發明家艾爾弗雷德・諾貝爾（Alfred Nobel）於一八九五年在其遺囑中創立五項諾貝爾獎之一——和平獎（另四項為：物理、化學、生理學或醫學、文學），即可知其重要性。根據諾貝爾的遺囑，和平獎的宗旨是「促進民族團結友好、取消或裁減常備軍隊以及為和平會議的組織和宣傳，盡到最大努力或作出最大貢獻」。

4. 我可以不同意你的看法，但我誓死維護你發言的權利。

這句話是伏爾泰（Voltaire）所說。孔子說：「君子不以人舉言，不以人廢言。」（《論語・衛靈公篇》）對人應該「聽其言，觀其行」（《論語・公冶長篇》），不要盲目地完全相信或反對。可惜，一般人容易感情用事，對於喜歡的人，所說的就全盤接受，反之則全盤否定；不僅不尊重別人、少掉很多朋友，自己也會變得主觀、狹隘。即使知道自己有錯，表面上也會逞強、不肯認錯。

我很鼓勵「正確的」辯論，依據比賽規則，抽籤決定正方或反方，練習為抽到的立場辯護。即使與自己的主張相反，上臺時仍得極力維護所反對的觀點。所以得先跟自己辯論一番，洗刷原先的成見或偏見。對於對方辯友，依據比賽規則，必須聆聽他的發問，並回答或與之共同討論，而非一般人「選擇性地聽」或「根本不聽」，甚至人身攻擊。

職場人際關係與溝通的「基本功」

基本功也就是「本分」，也許以前對待家人、朋友時做不到，但在職場上面對顧客、上司、同事時卻必須做到。如：

1. 親切、尊重、保持笑容

從證嚴法師的《靜思語》可以看出這部分的意義，如：

講話要溫和輕柔，態度要謙誠親切。

最美的面孔是帶著微笑，微笑是世界共通的語言、愛的表現。

面容動作、言談舉止，都是日常生活中修養忍辱得來的。

也就是說，與人相處必須有好的修養，才能忍受別人的誤解、羞辱，拉近人際的距離。這份修行，必須時刻為之，如：

退一步，讓一步，來成全別人，即是修養，即是修行。

每一天都是做人的開始，每一時刻都是自己的警惕。

保持笑容是職場的基本要求，如何養成微笑的習慣，而不是勉強的職業性笑容？以鼎泰豐來說（陳靜宜，2011），笑容是一種規定，不過是要真笑不要假笑。服務業所謂「真笑」的意義包括，因為與客人近距離接觸，所以「口氣」很重要，鼎泰豐要求員工正確刷牙、使用牙線。從深層來看，笑要發自內心，所以鼎泰豐為了讓員工工作時心情愉快、不把事情悶在心裡，還增設了「樂活諮商」專業心理諮商師。

若要工作愉快，還需要做到「不計較」，如：

能原諒人的人最快樂。當你原諒一個人的時候，當下心裡面的煩苦也同時消失了。

為人處事要小心、細心，但不要小心眼。

國宴主廚鄭衍基（阿基師）曾與大學生分享「職場六不」（鄭語謙，2011）：不要功高震主、才大欺主、權高壓主，也不要妒忌、比較、計較。這當中包含了很深的人生智慧，若非用心體驗與實踐，無法達到阿基師的境界。

2. 主動打招呼、關心別人

打招呼不是「超基本」嗎？為何做不到？有人因為單位大、同事多、與對方不熟悉等理由，對幾乎天天碰頭的同事「視而不見」（因為別人也這樣對待他）。稍為好些的，則是在別人向他打招呼時被動回應；但萬一別人也屬於「被動回應型」，那麼場面就會「超寂靜」了。

「成熟」或「幼稚」的分野，就在於是否能脫離「自我中心」，而非一直「有我無人」，要別人把你當太陽繞著轉。如《靜思語》所說：

不要封閉自己。你要先愛別人，別人才會愛你。

縮小自我，擴大心胸，工作要歡喜，人與人要感恩。

職場固然是個工作的場所，但也是人與人相處的地方。有人在，就要有人情味，展現「人情世故」的溫度與情感。先對別人付出關心，當大家都能互相關心，工作一定更加順遂、愉快。

我們學英語，最初的一句話就是打招呼："How are you?" 或 "How do you do?" 禮貌的回答是："I am fine, Thank You, and You?" 不僅要回應：「我很好！謝謝你！」還得加上「你呢？最近好嗎？」這樣才算完整。別人關心我們時，我們也該回報以關心。但，會這樣回應的人其實不多，大多數人只回答：「很好！還不錯！」很少會反過來關懷：「你好嗎？」甚至只是滔滔不絕說出自己的諸多不如意，一點也沒想到對方是否最近也遭遇了一些不如意。以我身邊的朋友為例，在臺科大任教的好友陳翊群，就是一定會關心：「你好嗎？」的楷模。

先師賈馥茗教授在我每次打電話問候她時，還來不及開口，她已先一步：「你好嗎？你公婆好嗎？你先生好嗎？鈞豪好嗎？鈞怡好嗎？」把我們全家人都先關懷一遍。而今，我好想再問：「老師！您在天之靈好嗎？」

3. 虛心求教、誠心感謝

謙虛有多重要？亞里士多德說：

對上級謙恭是本分；對平輩謙遜是和善；對下級謙遜是高貴；對所有的人謙遜是安全。

臺大校長李嗣涔一再叮嚀臺大畢業生要謙虛，成大校長黃煌輝也曾善意建議臺大學生要放低身段。這都因為在我國聯考制度之下，學業競賽勝出的人，可以擁有最多資源，享受明星學校的光環；即使出了社會，這光環仍不易拿掉。社會價值觀使得「優秀」與「平凡」變成了兩個世界。一面強調菁英主義（例如進入世界前百大的排名），一面又要學生謙虛，其實並不容易！我們應該教導這些菁英，除了課業成績之外，別人還有許多地方比自己強，除非「虛心」，我們無法看出別人的長處。《靜思語》說：

欣賞他人，就是莊嚴自己。

為別人的成就而生歡喜心。

學會裝傻也不錯。

阿基師說（鄭語謙，2011）：「年輕人偶爾在職場上受委屈沒有什麼不好，」即使能力、學歷比老闆高，依然要懂得謙卑的道理。因為自己一定還有許多不懂、不會的地方，需要別人教導。

《靜思語》還說：「有接受別人想法的心胸，才能和人溝通。」世界麵包大賽冠軍吳寶春，就是最佳的典範。他十分認同「知識就是力量」（吳寶春、劉永毅，2010），所以非常好學，從商業、管理、勵志、文學等各種書籍，不斷汲取成長的力量。對於做麵包的專業知能亦是如此，世界各地的麵包師傅到臺灣來辦講習會時，即使學費不便宜，他也捨得自我投資。每年他還會到日本好幾次，跟各國師傅學習做各式麵包。學習時他一定拋開所有成見，沒有任何想法，只是完全接受、吸收，並一五一十地拍照、記錄；回去練習時也完全模仿，若有任何細節不到位，就反覆練習、不斷重複，未掌握精髓之前，絕不放棄。

吳寶春曾表示（勞委會職訓局，2012a），進入職場最重要的是「準備自己」，因為態度可決定一個人的未來。學習時要把自己「歸零」，才能像乾海綿般，盡情吸收所有知識。他說，每位麵包師傅都有自己的特色，都值得學習。他經常帶著員工到外縣市學習製作麵包的新技巧，未來也會邀請日本的師傅到臺灣示範製作麵包的技術。這種虛心求教的態度和精神，正是人際溝通十分重要的一環。

4. 認同團體、融入團隊

應徵工作時，多數人都表現出強烈的團體認同、關心團體的發展；但更重要的是進入團體以後，要能夠真正融入，知道自己的成就與團體的目標息息相關。不少人工作不愉快，即因進入團體後發現與原先的想像有頗大的差距，於是失望、心不在焉、見異思遷，輕易就轉換工作，成為職場不耐族。但「滾石不生苔」，經常換工作對於個人及團體都是損失。

找工作之前，得對應徵的機構及工作性質有相當的認識。決定進入一個工作環境後，即使剛開始水土不服，也不要急著下斷言。除了觀察環境及多向別人請教之外，自己也要設定中長期目標（三至五年），如可以在這裡學習什麼或完成什麼，千萬不要「白走這一遭」。

進入職場後，要盡量參與團體活動，與別人建立情誼；千萬不要劃地自限，只與喜歡或熟悉的人互動。對於別人口中的「難纏人物」，不要先有成見或偏見，仍要以禮相待。其實「嫌貨才是買貨人」，愈挑剔的人，反而愈能刺激我們進步，不要一味排斥或逃避。職場上固然希望「廣結善緣」，但若能正視人際衝突的價值，反而能達到「納諫如流」的效果。

5. 控制情緒、冷靜應變

避免將情緒掛在臉上、遷怒於人，若自知脾氣急躁，更應加強修養。生氣時如何快速冷靜下來？創新工場董事長李開復說（*Cheers* 雜誌，2012）：

需要依靠自覺和自制。自覺的人理解喜怒哀樂的宣洩會造成何種結果；自制可以提醒自己不要落入惡劣態度的陷阱。

預防自己情緒失控還有更積極的方式，如成功學大師史蒂芬・柯維(Stephen Covey)所說（*Cheers* 雜誌，2012）：

每天抽出幾分鐘，模擬各種狀況及適當的反應，腦海中的影像愈清晰愈好。你的行為在潛移默化中會逐漸改變，最終能完全控制情緒，冷靜應變。

情緒是與生俱來的本能，不能消除、只能管控。情緒成熟的人，不會幼稚、衝動，情緒表達合於社會規範。工作時，心情不能全寫在臉上或給人臉色看，讓人覺得你喜怒無常、很難親近。

6. 正向、建設性的語言

我曾因左腳膝蓋骨折而被「禁錮」了五十天，直到即將拆掉石膏，心裡都還在埋怨「腳好痛」、「好不方便」、「怎麼不快點好」。好友蔡榮美老師來看我時，教我對自己說「正向語言」。她說，這個社會的「病」，就在於不肯原諒別人、錯怪別人，很少感謝別人或向人誠心認錯。她要我輕撫著左腳膝蓋說：「謝謝你康復了，謝謝你已經能走路了，對不起！沒有好好照顧你，對不起！讓你受苦了！請原諒我的疏忽，我以後一定好好補償你。」蔡老師推動生命教育多年，她認為這番話是許多父母應該對孩子說的。不要一味責怪孩子、總覺得是孩子讓父母生氣、沒面子。

與人相處，應以正向語言代替負向語言，以商量代替命令，以鼓勵代替挑剔，以建議代替批評。家人之間如此，職場共事更要做到。我國的教育生態，使孩子從小就活在競爭的環境中；優勝劣敗的結果，勝利者、失敗者雙方都難以「正向態度」對待別人。大家都不甘於平凡，都不喜歡輸的感覺，以至於在職場上也是如此，充滿競爭、嫉妒、輕視、酸葡萄心理，實在可惜！

《靜思語》說：

競爭孕育了傷害的因子。只要有競爭，就有前後之分、上下之別、得失之念、取捨之難，世事也就不得安寧了。

一般人常言：要爭這一口氣。其實真正有功夫的人，是把這口氣嚥下去。

多原諒別人，多得福，把量放大，福氣大。

希望別人以正向語言對待自己，就應「將心比心」地對待別人；萬一別人對我們不好、經常批評我們，也要放大心量、原諒別人。

7. 守時、準時

正確的時間觀念與時間管理的技巧，在職場溝通上也非常重要。所謂準時是指，至少提前五至十分鐘，甚至是一個小時。嚴長壽剛進入職場時，每天提早一小時上班，才有足夠的時間為別人「做好準備」（送信、打掃、送茶水），因此才能在最短的時間內，由美國運通公司的傳達小弟（二十三歲）升遷至臺灣區的總裁（二十八歲）。成功的人不會覺得自己早點到、多做事是吃虧，因為他明白為什麼要這麼做，以便達到自己設定的成長標準。

工作上要守時，除了上班時間外，也包括會議、與客戶的會面或承諾。要遵守時限，不可以拖延甚至忘記。準時是守信及可靠的象徵，否則，能力再強也令人不敢放心。

時間管理良好，不僅「今日事，今日畢」，還能「提前完成」、「充分利用時間」並「改進工作技巧」。良性循環之下，使自己成為高效能的人——既有工作表現，又能兼顧身心平衡與家庭責任。

不少人表現不到應有的水準，即因時間管理欠佳，如：好高騖遠、紙上談兵、不專注——極易分心或忍不住就與人閒聊而浪費時間。

阿基師應邀到大專院校分享他的工作態度時（鄭語謙，2011），提到自己每天工作十七個小時，只能利用休假時錄影，常常錄到深夜還要回餐廳巡視。但，四十三年的廚師職涯從不曾遲到，也沒有累倒過。

立委王育敏在兒福聯盟工作十八年，從基層社工員一路到擔任執行長。她告訴青年人（勞委會職訓局，2012b），好的履歷加上面試不遲到、展現對工作的熱忱，就一定可以找到好工作。她面試過無數新鮮人，提醒應試者一定要準時，「最好提早十分鐘到」，除了可以調整心情、從容應對，也能展現對這份工作的尊重。

部屬偶爾遲到，要容忍嗎？城邦出版集團執行長何鵬飛（*Cheers*雜誌，2012）說：

對個人而言，時間是修養、是禮貌；對公司而言，準時是紀律、是競爭力、是效率，絕不可等閒視之。

所以，好主管、好企業，絕不會縱容工作同仁遲到。

8.溝通前要充分準備且言簡意賅

開會、向上級報告、拜訪客戶之前，一定要充分準備。以開會而言，重要議案應先提供資料，並於會前與相關人員充分溝通。參與會議應先閱讀所附資料，並準備好屆時發言的內容。

向上級報告時，更要做完整的準備。一來因為上級的時間有限，所以要充分把握，做最精準、有效的溝通。例如要提報一項計畫、向上級爭取相關經費，就要準備若干強而有力的理由來說服上司。可先提出三個理由，若上司仍不為所動或質疑，再迅速提出第四、第五個理由，若還來得及，再盡快提出第六個理由。即使這次無法說服上司，也會因你準備了多個理由，而使上司對你印象深刻。下次再準備更充分的理由來說服，也許就會成功。

面對客戶要言簡意賅，因為客戶不會給你太多時間或耐心聽你說話；要在有限時間內，發揮最大的溝通效果。我常讓學生練習五分鐘演講，其實五分鐘可講一千字，如果字斟句酌，就可傳達相當完整的訊息。常有學生準備不足，還嫌五分鐘太久！另外也要練習三分鐘演講、一分鐘演講，使溝通的功力更強。

9.用心聆聽、記下重點

與主管、同事、顧客溝通，除了專心聆聽，最好能隨時記錄。因為我們的聽覺不這麼可靠，會遺忘或遺漏重要訊息。寫下來並向對方複述，將使溝通更完整，且給人謙虛、負責、可靠、有工作熱忱、主動等良好印象；反之，則會讓人擔心你是否聽到、記住了，甚至讓人誤以為你不專心，覺得你的態度敷衍、傲慢。

我在大學授課，常遇到學生「沒聽到」的現象。明明已說過幾次，甚至白紙黑字地寫在授課大綱上了，還是有些學生聽若罔聞、置之不理。每學期總有不少學生因此被當掉，這就是聆聽的基本功不足。現在我訓練他們「做筆記」，希望他們以後就業時，不會因為沒有聽到重點而被責備甚至開除。

10. 注重說話的禮貌與藝術

好的修養自然而然會反映在禮節上，進而對與外界的溝通及互動有所助益。從前的生活禮儀範例，不斷強調要常說「請、謝謝、對不起」。這不但是基本禮貌，而且有深刻的意義，確實可增進人際正向互動、良性循環。「請」代表尊重，「謝謝」代表感恩，「對不起」則是自我反省，這幾個字由內而外展現時，人際關係焉能不好？

說話要委婉、親切、友善，切忌「有話直說」（公事公辦）以及指責、嘲弄、諷刺、輕視等口吻，讓人聽了不舒服。

在我讀國中的時候，父親就教導我，為別人服務時不要問：「要不要？好不好？」因為，別人多半會回答：「不用了」，因為對方不想給你添麻煩。應該採取選擇題的方式，讓別人自由挑選。也可以用肯定句，使別人自然接受你的好意。我最常遇到的狀況是，應邀到學校或機構演講時，他們問：「要不要幫你準備便當？」「要不要幫你泡杯咖啡？」「要不要吃些點心？」我都立即回應：「不用了，謝謝您！」其實，他若直接把便當、咖啡、點心準備好，我多半會欣然接受。

我對待兒子的方式也是如此，若我早上問他：「要不要吃完早餐才上班？」他會回答：「不用了！來不及了！」但如果我先把美味的早餐及咖啡準備好，他還是願意坐下來吃一些，至少也因看到了我精心準備的早餐，雖然來不及享用，仍能感受到我的關愛，並會謝謝我的好意。依此類推，先做到關懷的行動（而非口頭關懷），別人自然會感受及接受你的關懷。

真實作業與成長

1. 你覺得自己是否都已做到職場溝通的十項「基本功」？若每項滿分為十分，請給自己的每一項打個分數，再加計總分。
2. 在你的成長經驗中，父母對於你「交朋友」的主要觀念及態度為何？對你有何影響？

第4堂

職場禮儀與溝通效能

屁啦！
這麼完美的企劃，
你是在挑什麼！？
什麼！？
竟然跟總經理大聲！？
拍桌！！

民國五十至六十年代出生的人，學生時代週會結束時，都會朗讀一遍「青年守則十二條」。其中第六條：「禮節為治世之本」是指，禮節為管理國家、處理國事的根本。同理，經營一個事業、治理一個家庭，一樣需要禮節。

人際溝通的失禮行為

如今在家庭及學校，常見到子女或學生「失禮」的行為；如果未能及早調整與再教育，將來進入職場時，必因不懂禮節而構成不必要、甚至嚴重的溝通障礙。

1. 說話時，眼睛不注視對方

與人交談或聽人說話，眼神應與對方接觸。然而有些人卻常低著頭或東張西望，就是不看對方；有些人則是邊聽、邊做自己的事，像是「不理睬」對方。小孩如此，可能來自父母的錯誤示範——邊做事、邊與孩子對話；成人如此，則多半對別人的話不感興趣，或覺得自己可以「一心多用」，不想浪費時間。

我的教學經驗中，有些學生會在課堂上做與課程無關的事，尤其是到期末交作業前或準備考試時更為明顯。我擔任演講的講座時，也有些聽眾自覺是「被迫」聽講，所以會準備「其他的事」邊聽邊做，於是形成「底下聽者罔顧臺上講者發言，而逕做自己的事」的場面。

2.不主動打招呼

在電梯碰到鄰居、在校門口遇見老師，小孩子（包括家長是否正確示範）會主動與鄰居長輩或學校老師打招呼嗎？還是猶豫、逃避甚至直接迴避？家人之間也會如此，誰出門、誰回家，彼此各行其事、互不知會。同一機構（甚至同一辦公室）的同事漸漸形同陌路，如果你主動打招呼，他可能反而會遲疑、覺得「奇怪」！親戚、朋友、同學愈來愈缺少互動，也會愈來愈疏遠，偶爾見面時也不知如何打招呼，索性應付一下就迅速躲開。

3.愛插嘴、愛講話或大聲喧嘩

常有人無視會議或上課的進行，一直與身旁的人交談，干擾別人而不自知，不尊重臺上的老師或主席；或因喜歡插嘴、打斷別人、獨占發言機會等，而使會議、上課的進行無法順暢。最糟的是，在一般的公共或社交場合大聲喧嘩，

「噪音」嚴重破壞環境品質，毫不顧慮別人的感受。有一次，我曾遇到搭高鐵時，半個車廂都是某高中的畢業旅行團，他們興奮地玩著撲克牌，常禁不住失控尖叫，站務人員多次勸導也沒用。

4. 不知使用手機的禮節

會議、上課或與人聚會時，愈來愈多的「低頭族」習慣埋頭看手機或不斷撥接手機；對於別人的問話，總是簡短回答、不認真聆聽。不僅自己無法專心，也很不尊重別人。我戲稱這些人是「人際溝通的劈腿族」，因為他們與眼前的人不交流，卻一直分心與不在場的人溝通。

有些人在不應講手機或應輕聲細語、簡單扼要地講手機的公共場合（如大眾運輸工具、餐廳、圖書館），不遵守規範，同樣會使附近的人倍受干擾。

5. 不守時，隨意進出或提前離席

不守時的人，常會拖延開會或上課的時間，也會干擾會議、上課的進行及效率。有些人遲到了不但不感到歉疚，還大方地進出甚至隨意離席，完全不覺得不妥或造成別人的反感。

職場上主管往往對於員工的遲到問題感到深惡痛絕，奇怪的是，這些遲到的員工卻依然故我，彷彿只是將之當作芝麻小事看待。

其他常見的失禮行為，如：行進時不禮讓、搶快（尤其是道路交通）；說話隨便，不講究稱謂或別人的感受；使用他人或公共物品後，未歸回原位；在公共空間隨意放置私人物品，影響觀瞻及別人的活動。

許多禮節習慣的養成，追根究柢在於「自由，以不侵犯他人的自由為限」。若我們希望享有自由，就得先尊重別人，注意自己的行為是否侵犯或妨礙到別人的自由。

人際禮儀的變與不變

洪蘭教授（2009）曾有篇震撼人心的文章〈不想讀，就讓給別人吧！〉，文中說出她對臺灣大學生的「不敬業」感到憂心：

前陣子到一所頂尖的醫學院做評鑑，發現上課秩序很不好：上課遲到外，有人逕自玩手機或是趴在桌上睡覺，甚至吃泡麵、打開筆電看DVD的也大有人在。那些遲到的學生，很直接地走到自己座位的那一排，要坐在外面的人起身讓他進去，完全不尊重人家上課的權利。……如果這是現在大學生的上課態度，我們要拿什麼去跟別人競爭？

我在大學任教二十多年，也常為學生的學習態度煩惱，不斷祭出罰則或苦口婆心，還是有學生依然故我。開學時我均有言在先、先禮後兵，告訴同學進入課程的「天下第一關」：不遲到、不進食、不睡覺、不使用手機、不做與課程無關的事。賞罰加上道德勸說，希望學生能及早養成「敬業」的態度。

現代社會的禮節已與傳統大異其趣，以致人際溝通的困境加大。好比婚姻中的婆媳關係，從前媳婦「入門」要學習忍耐、設法融入，祈求相安無事；而今則是小夫妻住在外面，希望公婆不要常來打擾。例如報載（風信子，2012）：

遠在南部的公婆只要有空，就會北上住小珊家，而且很直接地就當成自己家：吃飯就在客廳的電視機前擺桌，累了就睡在小珊夫妻房間。小珊覺得自己不被尊重，又不知如何跟公婆溝通……

該作者看到朋友小珊鬱鬱寡歡，想到自己的狀況：

公婆因有家裡的鑰匙，常會無預警地突然出現在我家，為了解決這問題，我只好親自出馬。

她對公婆說：「歡迎您們隨時來玩，但來之前是不是可以先打個電話？」可想而知公公的答案一定是：「兒子家就是我家，為什麼想去還要打電話？」從前，這樣的媳婦簡直大逆不道，做兒子的一定站在父母那邊，訓斥妻子或要求妻子忍耐；然而，現代的媳婦則會堅持自己的信念，做老公的也大都能配合。所以這名作者的結論是：

公婆雖是長輩，還是要透過溝通，讓他們了解自己的底限在哪。能夠彼此尊重，日後的相處才會愉快。

我將這篇文章唸給二十歲出頭的大學生聽，測試這些未來媳婦的想法。結果，至少三分之二的女生認同文章中的做法，表示日後也不會給公婆自己家裡的鑰匙。不久，另一篇文章（小嫚，2012）回應了同樣身為媳婦的心聲：

婚後，先生給公婆一把家裡的鑰匙，希望他們有空可以來家裡坐坐。沒想到公婆竟然就當成「自己家」勤跑，白天我們上班時，公公會來家裡睡午覺，……婆婆更是常常無預警地進來家裡，也不時干涉家裡的擺設，或拿一些自己用不到、丟棄又怕浪費的雜物來「寄放」，讓我感到困擾。

這名作者雖為家庭和諧而暫時容忍，仍希望婆婆能有所修正，如同她遇到某位笑容滿面的志工阿姨，在當婆婆以後謹守的「三不」政策：

1. 不要進兒媳的房間。
2. 小兩口吵架，不要主動介入。
3. 不要老透過兒子傳話，只要和兒子家庭有關的決定，都先讓媳婦知道。

多年來志工阿姨和她的媳婦關係維繫得不錯，因為這位婆婆知道，給媳婦多些尊重，真正受惠的是自己的兒子。

如果你覺得婆媳之間的恩恩怨怨已經很難化解，那麼職場上的人際關係，比起親情、友情、愛情要複雜得更多。想成為職場溝通達人，要學習很多溝通技巧，如：幽默、體貼、委婉、控制情緒、帶人帶心、說服、安撫、設計增進人際互動的「儀式」等。總之，與工作夥伴要能合作愉快、建立默契，須下很深的功夫。

職場禮儀的禁忌

職場溝通得先從避免踏到「人際地雷」開始，避免惹人反感，或無意間得罪別人。例如：

1. 看高不看低，只跟老闆打招呼

有些「聰明人」知道誰才真正有影響力，於是對掌權者十分恭敬、笑臉迎人，對其他人則視而不見、吝於有好臉色，態度差距之大，常令人瞠目結舌。除了訝異於其「功利」與「現實」，也自嘆沒有這等「風向球」的本事。

2. 對「自己人」才注意禮貌

有些人開會或聚會時，只招呼自己的同事或要好夥伴，會熱情地幫忙占位子、拿資料，聊得非常熱絡，但對其他單位或不熟悉的同事，則不予理會，尤其疏忽落單或新進的同仁，使其相形之下顯得分外寂寞或覺得被排除在外。

3. 稱呼自己為「某先生／某小姐」

我曾遇到某單位的同仁，在與我聯繫事情的電子信函最後署名為「○先生」，讓我不知如何應對。通常「先生」是用作對別人的尊稱，如此自稱難道是要我們對他特別尊敬嗎？有些人打電話留言時，也會自稱「某先生／某小姐」，正確應改為「敝姓○，是○○公司（部門）的○○（職務名稱）」。

4. 遲到、早退或太早到

遲到會耽誤別人的進度，使人焦慮、生氣、反感，覺得不受尊重；也會因而被認為是不可靠、不負責的人。

「準時」是指提前五至十分鐘到達。也不要太早到，因會影響別人的工作或作息，一樣不受歡迎。

5. 直呼老闆名字，或讓老闆提重物

有些外商公司鼓勵員工直呼老闆的名字，除非老闆確實希望如此，否則還是應保持禮貌，稱呼上司的職銜。有些同仁以為與老闆私交很好，所以在正式

或公眾場合「忘我」地與老闆稱兄道弟，不僅讓其他同事及外人可能感到納悶，老闆有時也會覺得尷尬。另外，與老闆同行時，記得要體貼地幫他拿比較重的物品（但不包含他的私人提包，尤其是女性主管）。

6. 別人請客時，專挑昂貴的餐點

別人請客時，有人專挑昂貴的餐點，不僅自己如此，還慫恿其他人也這麼做，甚至還說：「難得老闆請客，當然要挑最貴的，老闆不會那麼小氣吧！」適當的作法是挑選中等價位的餐點，這樣對主客雙方都恰到好處。

7. 想穿什麼就穿什麼

衣著是給人的第一印象，第一天進公司可以穿著正式些，以後則配合公司及行業的風格，表現最高的品質。大家都很正式時，你最好也穿套裝、襯衫；如果同事大多穿著較輕鬆，你也可以自然一些。但裝扮還是不要過於前衛、隨性，或個人風格太強烈，畢竟職場是個工作、正式的場合。如果穿著制服，更必須整潔、筆挺。

8. 以「高分貝」講私人電話

一般的說話、交談，都應輕聲細語，不要影響別人的工作或休息。在工作中講私人電話更應如此，而且還需簡明扼要，不可耽誤分內的工作或影響別人（包括顧客）的權益。開會時應關手機，必要時應到會場外接聽電話。

9. 談完事情不送客

若有長官、同事或客戶到我們的辦公室或辦公桌前洽談事情，除了應站起來迎接外，談完事情時也一定要送客；至少送到辦公室門口或電梯口，不可只是抬起頭或揮揮手應付了事。

另外，洽公時別人為我們準備的茶水、飲料，千萬不要一口都不喝，至少在離去前要喝一些，以免忽略了別人的心意。

社交禮貌與溝通效能

1.與長輩同行

廣義的長輩除了年長者外，也包括長官、來賓、客戶。跟長輩同行，應走在長輩的左後方，這樣的行進方位，可以隨時以右手扶持長輩；若為引導路線，則可走在長輩的斜前左方，以便右手可以適時扶持長輩。不要走在正前面，會看不到長輩的狀況；也不宜步伐太快，使長輩跟不上。長輩若攜帶物品時，要幫忙提較重的東西。

上樓梯時，應走在長輩的左後方，可適時伸出右手扶持他；下樓梯時，則要走在長輩的右前方，以便長者若有需要，可以伸出右手來依靠你，或讓長輩靠樓梯有扶手的位置走，較為安全。對於年長者，應陪同他搭乘電梯。

進出電梯時，讓長輩「先進」及「先出」，或自己先進去按住開門鈕、扶好電梯門，再請長輩進入。搭乘電梯，要先出後入；站在電梯按鈕前面的人，應主動詢問別人欲前往之樓層，協助其按鈕。

2. 會面

1. 約會要守時，萬一不能準時到達，應提前告知，請求對方諒解或改期。

2. 見面可先行鞠躬禮，男士、下屬、晚輩，不能搶著與女士、上司、長輩握手；要等他們伸手了，才能迎上前握手，且不要握得太緊或太久。

3. 每個成員都代表整個公司，尤其穿著公司制服時更要謹言慎行。遞送名片時，莫讓人看顛倒面。接受名片時，應先仔細看完名片上的內容，不要念錯別人的名字或問一些名片上已有答案的問題，尤其不能把別人的名片隨手放在桌上，讓人感到不受尊重。交換名片後，要在稱呼別人的職銜之前加上姓氏。

另外，若能訓練自己盡量記得別人的名字，會使對方覺得被重視，有利雙方正向互動，並且事後還需要「做功課」，包括整理名片以及後續聯繫等。

3. 乘車

小轎車

1. 如有司機駕駛，則後排右側為首位，左側次之，中間座位再次之，前座右側殿後，前排中間為末席。如果由主人親自駕駛，則駕駛座的右側為首位，後排右側次之，左側再次之，而後排中間座為末席。

2. 主人夫婦駕車時，則主人夫婦坐前座，客人夫婦坐後座。丈夫要服務自己的妻子，開車門讓妻子先上車，然後自己再上車。

3. 主人親自駕車、乘客只有一人時，應坐在主人旁邊。若同坐多人，中途坐前座的客人下車後，後座的客人應改坐前座。

旅行車

以司機座後第一排為尊，後排依次為小。座位的尊卑，依每排右側往左側遞減。

4. 進出房間

1. 先敲門或發出聲音。
2. 離開長官辦公室，應倒退著出來，不可背對長官而行。
3. 進入長官辦公室，不可先行坐下，要等長官示意後才可坐下。
4. 應坐在椅子的前三分之二處，不可往後躺或斜靠椅背。

5. 櫃臺服務

1. 應面帶微笑表示親善，可以化干戈為玉帛。
2. 應主動親切招呼，讓對方有受重視的感覺。
3. 適時得體的話，可使顧客獲得賓至如歸的感受。
4. 設身處地為顧客著想，給予完整的說明、即時迅速的服務，使其對機構具有信心，相對可減少因摩擦所浪費的時間。

電話禮貌與溝通效能

有了電子信函及手機簡訊之後，愈來愈多人「懶得」打電話；於是人際之間藉著「聲音」聯繫情感的功能失去了，實在可惜！善用電話溝通，其實較電子信函及手機簡訊更有效率。基本的電話禮貌如下：

1. 打電話時

1. 打電話給長者或女士，應儘量親自撥接。
2. 應選擇對方合適的時間。
3. 先準備好相關資料（至少要有紙與筆）。
4. 先報上自己的單位及姓名，確定接聽者身分後，再次報上自己的單位及姓名。

5. 聲音清晰、溫和、有精神（保持笑容）。
6. 先做摘記或備妥文件，並清晰有條理且完整地說明來電事項。若以電話邀請，最後要重複宴會的時間與地點，以免產生錯誤。
7. 欲聯絡者不在，先詢問回公司的時間再委託留言。
8. 通話途中，不要對著話筒打哈欠或吃東西，也不要同時與其他人閒聊。
9. 掛斷電話前需禮貌寒暄，如：請多多幫忙、真謝謝您、很抱歉打擾您。
10. 通話完畢時，先等對方掛斷，自己再掛上電話。不要急著掛上電話或大聲地掛上電話，而令對方感到不舒服或誤解。如不確定對方何時掛上電話，可在通話完畢後默數三至五下，再輕輕掛上電話。

2. 接電話時

1. 鈴響三至五聲內盡快接聽。
2. 拿起電話先報上單位名稱及問好。
3. 聲音清晰、溫和、有精神（保持笑容）。
4. 聽不清對方姓名時要問清楚。
5. 中途斷線時，由打電話的一方重撥。

6.通話完畢時等對方先掛斷。
7.千萬不要剛接了電話，立刻就請對方等待，而去做別的事情。
8.如果電話打來時恰巧無暇接聽，可向對方說：「很抱歉，過幾分鐘我再打電話和你聯絡。」

3.協助留言時

1.需記錄誰打給誰、來電時間、留話要點，並向對方重述確認。
2.將留言條放在桌上顯著位置，並粘上膠帶以防遺失。之後再用口頭傳達一次。

要提高電話溝通的效能，應注意避免「反效果」——拖拖拉拉、含糊籠統，例如下列這通電話：

來電者：請問你是王老師嗎？
我：是的！
來電者：我是××大學，我姓〇。請問寄邀請函給您，要寄到哪？
我：請問是什麼邀請函？
來電者：講座的邀請函。

我：您那兒是△△組嗎？（因為最近該校的△△組也邀我演講）

來電者：不是！我姓○，之前有邀過您演講。（他覺得再說一次「我姓○」，我就知道他「代表」哪個單位嗎？）

我：請問是□□中心嗎？

來電者：是的！

何不一開始就說：「我是××大學□□中心的△△（職銜），敝姓○。這學期與您約定○月○日的演講，現在要寄講座的邀請函給您，請問寄到哪兒對您比較方便？」

打電話的訣竅還很多，如：響鈴久一些、立即重撥一次。可惜很多人都做不到這兩個小訣竅，以致常打了好多天的電話都連繫不上對方，讓自己乾著急之外，也浪費時間。為什麼要「讓電話響鈴久一些」以及「立即重撥一次」？因為，對方的手機可能恰好收訊不良（進入隧道、室內死角……），重撥一次則對方可能就出了隧道或來到收訊較好的位置。

我們要求自己「鈴響三至五聲內」盡快接聽，卻不能同等要求別人，而要體察對方的狀況。如：對方可能正在廁所、廚房、洗衣服、洗澡等較吵雜之處，或正在睡覺等，所以未聽到電話鈴響。有時要設想對方可能是老人家或殘障人士，聽覺或動作均不俐落。我自己曾因膝蓋骨折、不良於行兩個月，偏偏我的手機一定要在窗邊才能收訊，每次當我努力「移動」到窗邊時電話就斷了，若對方肯重撥一次就好了。

類似這樣情況，通常我都會回撥，但有兩種電話只能徒呼奈何，一種是總機，因為無法得知哪個分機來電，只好放棄；另一種是網路電話，語音總是回答「本號碼無法受話」。

以電話聯絡不上時，可藉由簡訊或電子信函等其他管道輔助。簡訊或手機留言須簡要清晰，個人單位、姓名及電話切勿忘記。此外需注意的是留言一次即可，不要一再催促；反之，聽到留言則應盡快回電。

打電話另外該注意的訣竅是「時機」(timing)，除了自己的上班時間之外，也可利用自己的用餐、休息時間，或下班後較晚的時間撥打。除了較可能找到對方之外，也可打破自己的「墨守成規」。因為別人的上下班或休息時間，不一定跟你一樣，所以若依自己的作息方式，就可能找不到對方。為了增進工作效率，打電話還是要以對方的時間為主。

接到顧客的抱怨電話時，不要先入為主地以為對方故意找碴，若因而以激烈的話語回應，對方聽了會火上加火，造成惡性循環。抱怨電話正是工作改進的機會，要耐心聽清楚顧客的問題，並積極處理，這樣雙方都能獲利。

網路禮貌與溝通效能

名作家張大春曾收到一封網友來信（曾懿晴，2010）：

問一下我們要做報告，因為網路上張大春資料很少，可以請你提供多一點的資料ㄇ，卸卸。

該網友還逐項詳列報告所需的作者介紹、生平經歷、重要性、著作種類等項目。張大春回說：

網路上資料很少的話，就不是怎麼樣一個人物，根本不值得做甚麼報告的，就請別費事「卸」我了。

之前張大春也接到另位網友留言，請他回答身為作家的條件、工作內容、版稅等問題，「因為有點趕，請盡快可嗎？寫完請您用 Email 寄給我謝謝。」遭張大春以「我也很趕，也就不可了」拒絕。這樣的信件連基本禮貌也沒有，且措詞無禮、要求過度，而這似乎成了網友上網問問題時的壞習慣。

電子郵件視同書信，要「有頭有尾」，如：對人之敬稱、個人的署名（包含工作單位及身分）、問候語。內容要清晰、有條理，若有附加檔案，則應先將檔案內容及目的簡要說明。若是重要或緊急事情，以電子信函傳達後，還需再以其他方式通知及查核；以免對方未及時開啟信箱，甚至並未收到信件而耽誤了要事。遲未收到回信時，也應以其他溝通管道查核。電子信函的榜樣，以臺科大學務處就輔組的組長陳翊群老師的兩封信為例：

淑俐老師：

真高興您爽快地答應演講，尤其您願意慷慨撥出寶貴的晚上時光，真的是我的榮幸，也是臺科大學生的福氣啊！

我想演講時間就訂在十二月九日（星期四），先暫以您的書名「情緒管理DIY」為題目，或您還有其他想法？我會在十一月中旬再提醒您，書面資料在課前一週寄給我即可。這次我會先印好，因為經驗告訴我，不是所有學生都會自動自發地從教學平臺下載講義。再次感謝您的支持，也因有您及其他業師的精彩講演，使這門通識課程深受學生歡迎，非常謝謝！

親愛的王老師，您好：

暑假快樂！

這封信是想邀請深受學生喜愛的您，下學期能再度來名為「職涯發展管理」的通識課程演講，這次我想請您講的主題是「情緒管理」，題目由您訂定，學生人數一百人，大一至大四各系都有。我有三個日期請您選一至二個選擇，以便安排。日期如下：十一月四日、十一月二十五日、十二月九日，都是在每週四晚上六點二十五分至九點零五分，希望您能應允。請回覆，謝謝！

若以電子信函處理公務，每日一定要至少收信一次。收到信件時，要先回覆對方「收到」；若有進一步的動作，則要告知預定完成的期限。電子信函的聯繫，要直至事情完全結束為止。使用電子信函仍要適時輔以電話溝通，打電話的時間絕非浪費，透過聲音及對話，可增添親切感與情誼。

拒絕的禮貌與效能

職場上若要拒絕別人，常有若干顧慮。拒絕上司，怕被認為「不服領導」、「不能與上司配合」而影響日後的升遷；拒絕同事，怕影響日後的合作關係；對於客戶的要求，本著「放長線釣大魚」的商業原則，就更不敢拒絕了。

但，不懂得適時說不，不自量力地接下別人「推」、「託」的工作，不僅自己焦頭爛額、心力交瘁，也會影響身心健康與工作品質；等到累得受不了時再抱怨，或把工作推回去，也有損人際關係與個人形象。而且若對方不滿意你的成果，就破壞了當初你熱心幫忙的美意，所以仍要「三思而行」，量力而為。

有些人口才很好、說服力很強，常令你還來不及思索就答應他了，事後才發現，對方一直利用你的弱點，使你「一再」掉入陷阱（無法拒絕），而他根本沒有「報答」你的打算。所以，遇到自己無法接受或處理的事情，明確「說不」才是利己利人的作法。

但是，拒絕要有技巧，須以「維護人際關係」為前提，對己要誠實，對人則不構成傷害。如何兼顧誠實及不造成傷害？是拒絕最困難的地方。

明確的拒絕，不等於「有話直說」——過於簡潔、不加解釋與修飾，反而易引起對方的誤會，認為你很沒有同情心、不夠朋友、沒有上進心、不懂得對方的用心……。要以「三明治拒絕術」，先隆重地感激對方「看重」或「關懷」，再說明自己目前的「困境」（時間或能力不足），最後一定要表達深切的歉意及希望以後有機會能夠「補償」。

職場上的客戶、上司、同事等，不可能像父母、好友那樣，願意了解、忍受及原諒你，所以，「工作EQ」非常重要。即使他們因被拒絕而指責你、強迫你、不體貼你，還是要先忍耐，再「心平氣和」地與他們溝通協調。

真實作業與成長

1. 以你的觀察，職場中失禮的狀況還有哪些？你覺得原因為何？應如何改善？
2. 以一個自己經歷過「職場溝通效能不佳」的事件為例，探討其發生的原因與影響，以及你從當中學到什麼？

第5堂

不愉快的職場溝通——「見不賢而內自省」

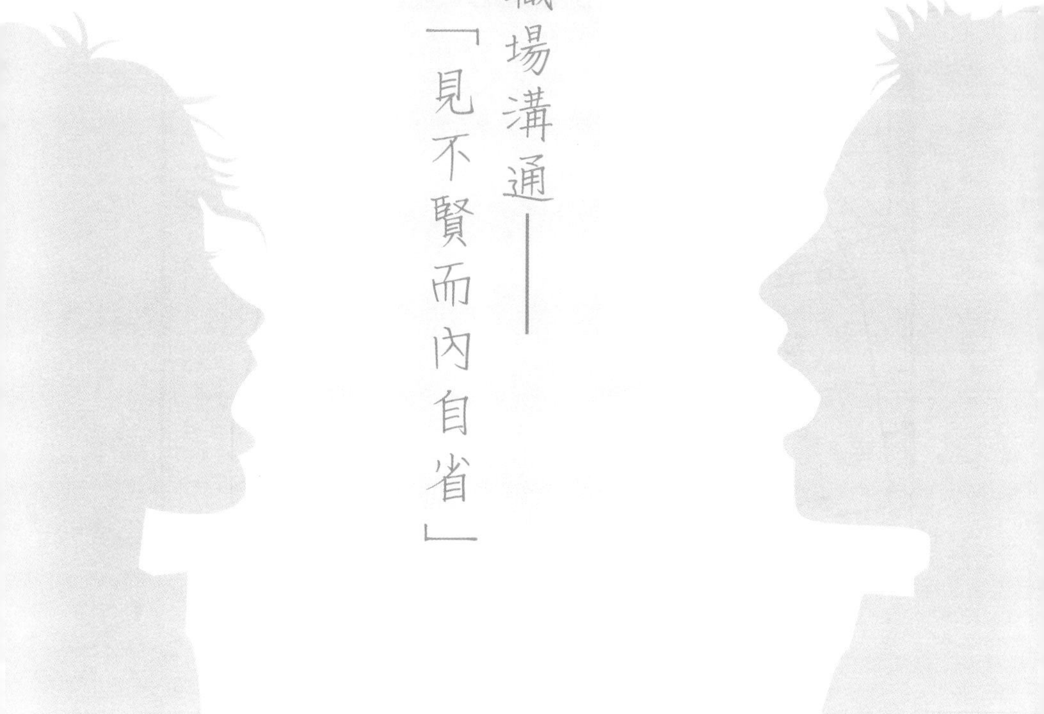

高鐵左營站
不好意思，因為本校臨時有活動，所以演講取消了！
（語音留言）
啊……我都特別從臺北下來高雄了，只是剛好沒聽到留言，但怎麼可以前一天才通知呢？

以前，當我們遭遇到別人不公平的對待時，多半會難過、生氣，甚至咒罵兩句。但這樣做，只是「拿別人的過錯來懲罰自己」，讓自己遭受「二度傷害」。如果能從中反思及學習，就能補償回來，從別人的過錯中學到「己所不欲，勿施於人」，而且經由「同理心」的了解，也較能明白別人為什麼這麼做而釋懷，較容易願意原諒別人，或承認自己也須負些責任。

從以下職場溝通「見不賢而內自省」的案例解析，即可了解「為什麼他會這麼做」以及學到「如果是我，可以怎麼做」兩個重點。

案一：毀約

以我的工作來說，會有「毀約」情形的，就屬演講邀約了。比較輕微的是演講「延期」，嚴重一點的則是「逕行取消」。例如有學校與我延期一次之後，第二次竟然直接通知取消演講，且未提出任何補救措施（如改期）或說明取消的理由，以表達愧疚、取得諒解。彷佛只是通知一件「事」，而忘了當中還有「人」的存在。

更荒謬的是，有一次我已經到達演講地點，才發現「新娘不是我」。原來，單位主管更換了講座名單，承辦人員卻不敢告訴我（因為最初邀請時，他表現出極大的誠意）。

還有些哭笑不得的是，約好的演講，對方卻說「忘記或不知道這件事」。

有一次臺北市立聯合醫院某院區約我演講，直到前三天，承辦人員還未與我進一步確認細節。我打電話詢問時，對方冷淡地表示：「因為承辦人員『突然走了』，所以演講取消。」我聽了雖無奈也只好慶幸先打了電話，否則到時候又白跑一趟了。

不料幾個月後，該院區來電，接手的新進同仁誠懇地邀我回去完成那場約定的演講。經我好奇探詢才知，上回取消演講的原因，竟是承辦同仁已自殺身亡（原來「突然走了」是這個意思）。聽到這樣悲傷的事情，我當然不會再怪他們毀約。

下面這個例子，就不知該怎麼責怪了：承辦人員來電取消演講，卻說不出清楚的理由，讓人覺得前後的態度落差太大（先前邀約時非常熱情，後來突然變得相當冷淡），彷彿不覺得有遵守與別人「約定」的必要。於是我直接寫了封電子信函，寄給該公司的負責人。

〇〇科技公司負責人尊前：

我是臺科大電子系所兼任教授王淑俐，日前接獲貴公司邀約於一月二十九日做專題演講。然而今日接到電話，表示因改到南部辦活動而將這場演講取消。面對承辦人的致歉，我只能說「沒關係」，但我要如何告訴即將踏入社會的大學畢業生「誠信」的重要？唯有誠信才能爭取到客戶的信任。我寫這封信表達誠懇的建議，希望類似事件不再發生，我才能讓學生堅信及實踐誠信的價值。

王淑俐敬上

他們的兩封回信如下：

王教授您好：

收到您的 E-Mail 我們深感惶恐，我是這次活動主辦人員，造成您的困擾，再次向您致上最深的歉意。

本公司此次活動因多方考量，最後仍決定將場地移至南部，因而錯過您的課程，真的非常遺憾。期待下次有機會，能感受您那充滿熱情、洋溢喜樂之心。

末祝　　一切安好

會計人資課課長

王教授您好：

您的反應在我公司震盪許久。公司內部為了籌劃尾牙，這當中有一些討論、思考的過程與發想，也激發了心靈、生命、成長意義的探討。故而，我們負責人資的主管上了您的網站，與您做了聯絡。

但因公司決策過程太過複雜，最終匯歸於老闆的想法。企業老闆想法多變，原因是，臺灣是一個小島，許多決策需要應變、求新、創意，也需要紀律，這亦與公司預算、負責人員的理解能力相關，我們做了一些不同於大多數公司的決定，所以這過程當中與您失之交臂。

承辦活動人員不理解社會現象、各地區狀況，乃至百家百業或為人母、為人師的歷程與想法；這中間簡單的一句道歉或拒絕，可能引起您的不快。您的中心思想——誠信，個人深表贊同但或力有未逮；然公司的決策與政治、學校教育乃至各地區的概況息息相關，也與公司需求的市場相關。

這中間決策的過程多少有所差距，草率的言語、電話道歉或許言不及義，故而，在此替公司的團隊與規劃人員，對您致上十二萬分的歉意。

副總經理

為什麼他會這麼做？

最初我接到這個邀約，也覺得很特別，反覆確認：「真的有公司在尾牙舉辦『心靈成長講座』嗎？」答案是肯定的，我才答應了演講。但事後的毀約，又證明了的確不會有公司在尾牙舉辦講座。

其實他們的回信，都與「誠信」無關，尤其副總經理的部分。這次演講的取消，只因我不了解企業界「公司決策過程太過複雜，最終匯歸於老闆的想法，企業老闆想法多變」。

最初會找我，是「負責人資的主管上了您的網站，與您做了聯絡」，而人資主管不理解公司及老闆真正的需求，才會與我訂了一個「被老闆否決的約定」。出演講費的人是老闆，老闆不答應或反悔，就只能怪「承辦活動人員不理解社會現象、各地區狀況，乃至百家百業或為人母、為人師的歷程與想法」。

這段話說得太過複雜，大抵是承辦人員不了解公司及老闆的意向，天真地以為會議中討論到「心靈、生命、生長意義的探討」，就以為是公司未來發展的重點，所以莽撞地邀我擔任尾牙餐會的演講。

這次的毀約事件，有否影響我「重然諾」的信念？當然沒有！因為「守信」是沒有雙重標準的！我不在意多一場演講邀約，但我永遠重視信用。

如果是我，可以怎麼做？

《論語》中與「誠信」有關的部分頗多，如：

曾子曰：「吾日三省吾身：為人謀而不忠乎？與朋友交而不信乎？傳不習乎？」

子曰：「道千乘之國，敬事而信，節用而愛人，使民以時。」

子曰：「弟子，入則孝，出則悌，謹而信，汎愛眾而親仁。行有餘力，則以學文。」

子夏曰：「賢賢易色；事父母，能竭其力；事君，能致其身；與朋友交，言而有信。雖曰未學，吾必謂之學矣。」

子曰：「君子不重，則不威；學則不固。主忠信。無友不如己者。過，則勿憚改。」

有子曰：「信近於義，言可復也。恭近於禮，遠恥辱也。因不失其親，亦可宗也。」

子曰：「人而無信，不知其可也。大車無輗，小車無軏，其何以行之哉？」

子以四教：文，行，忠，信。

子曰：「言必信，行必果。」

子曰：「言忠信，行篤敬，雖蠻貊之邦，行矣。」

孔子曰：「益者三友，損者三友。友直，友諒，友多聞，益矣。」

子曰：「恭則不侮，寬則得眾，信則人任焉，敏則有功，惠則足以使人。」

如果我的學生是那位承辦人員，我會告訴他：以後辦某類活動、邀約講座前，都要向老闆「請示」、「確定」，了解老闆的作風，不要太自作主張。其實這種狀況並不少見，有些承辦人員先與我約定演講題目及時間，然後才上簽呈請主管批示，結果遭到主管否決。若否決的是時間，還可與講者協商改期；若否決的是講座人選，承辦人員要如何告知講者這個訊息？多半只能致歉，說自己只是個辦事人員，而「做決定」的是主管。

身為主管則應「用人不疑，疑人不用」，如果你不信任、不支持你的下屬，他以後只會綁手綁腳、聽命行事，不敢再積極、有創意。從前的主管多會以電話親自邀請講座，屆時還會奉茶、接待。而今，演講或研習活動對主管而言，只是「一件事情」，講者也只是其中的工作人員，似乎無須特別尊重，也不必考慮講者的感受，實在令人遺憾！

最後我回信給副總經理，再次重申我的信念：

> 副總經理尊前：
>
> 真抱歉打擾了您的工作！身為一個老師的職業病，也許為了教學生明辨是非，所以變得缺乏彈性了。謝謝您的回覆，但我相信您仍會希望我告訴未來的人才：不論如何，企業仍要承擔「承諾」的責任、要「守信」。請諒解我的堅持。
>
> 淑俐敬上

案二：小錯不算錯？

我曾幫空中大學撰寫教科書，某天收到一封電子信函通知，稿費已轉入個人帳戶；不料，第二天又收到電子信函，要我繳回稿費：

> 老師安好：
>
> 不好意思，因作業疏失，誤將《〇〇〇〇》一書版稅以「稿費版」計算方式撥付至老師所提供的帳戶內。因應回歸至「版稅版」計算方式，故必須請老師繳回稿費。繳回時間待上級核定後，會再行通知。
>
> 繳回方式：匯款至〇〇專戶〇〇帳號，或至空中大學出納處繳現金。
>
> 造成老師不便之處，敬請　見諒。

之後我去郵局轉帳繳回稿費時，卻發現「轉入帳戶有誤」；再以電子信函詢問，才知該校帳號是國庫，必須以電匯方式，只好再跑一趟。

為什麼他會這麼做？

公務員因薪水固定，做得再好也沒有績效獎金（反之也很難被懲罰）。有時，犯錯而需要別人協助彌補，也不易感受可能給人添了麻煩，應該要道歉及致謝；多半只是要求別人「照章行事」，幫你完成公文程序。也因工作太有保障，久了，容易變得「自我中心」：只要別人配合我而多做一些，卻看不到自己不願意為別人多做一些。

我在若干公立大學兼課，常被電子信函通知要盡快完成什麼工作，或去辦公室拿什麼東西。再加上承辦同仁經常變動，所以我常不知道自己在跟「誰」互動！只能配合著「默默地」到辦公室去「辦事」，似乎沒有人想跟你多互動一些。

如果是我，可以怎麼做？

承辦人員一開始就應以電話連繫並致歉，雖然麻煩，但也能展現自己承擔錯誤的誠意。不要等事後別人不愉快了，而要求你打電話說明。這兩通電話的時機，意義大不相同，早打比晚打好得太多了。

溝通的方式很多，不要一成不變、千篇一律，只用自己習慣、方便的方式，而且「不與人直接接觸」。這會讓人覺得冷漠，無法建立感情。若能打個電話，雖無法做到「見面三分情」，至少還能感受到人的溫度。

工作難免有誤，沒有人是完美的，但是犯錯時要誠懇地表達歉意；當別人願意幫助你一起彌補錯誤時，更要誠懇地表達謝意。多說幾句道歉及感謝的話吧！何況「禮多人不怪」！

案三：能否幫別人想一想？

我到中南部演講，都會先詢問能否到高鐵站接送，否則便得多耗費不少時間與精力。百分之九十的邀請單位都會考慮到接送問題，讓我身心輕鬆不少。但有一次，我答應到臺南演講，詢問對方可否接送時，他們的答覆是：

> 王教授您好：
>
> 關於車班問題，附件寄上高鐵站往臺南市政府站的接駁車時刻表，路程約為四十五分鐘。能否請教授在高鐵臺南站下車後轉搭往市政府站的接駁車，並在市府站下車。請教授將確定的到達時間通知我，我們將有同仁前去接您。

我從未搭過高鐵站的接駁車，擔心屆時可能耽誤演講時間。接駁車每二十分鐘一班，到達該校約需四十五分鐘。也可搭計程車，但費用很高（自費）。

當天到臺南高鐵站時，覺得時間還夠，想試坐接駁車。不料，等了十幾分鐘才開車，距離一點三十分的演講，只剩三十五分鐘了。於是我立即打電話告知承辦主管這個狀況，但他沒說什麼，似乎沒能理解我的擔心。接駁車行至中途的延平郡王祠時，我忍不住下車、想改搭計程車，但走了好一會兒路，都看不到空車，只好再打電話給承辦主管，他說要來接我，卻又不明白我的位置，我說還是自己坐計程車吧！最後終於在一點四十分到達。

後來，我才知道不用提早下接駁車，因為中午不會塞車，不會耽誤演講開始的時間。只是這個狀況我並不知道，所以多走了冤枉路、白操了心。

為什麼他會這麼做？

對於某些主管或承辦人員來說，他們只須辦活動，至於主講人「要如何過來」、「花多少時間」等，並不在工作範疇之內。主講人既然答應要來，交通問題就是他自己要操心的事。對在地人而言，從高鐵站坐接駁車過來「天經地義」，何需接送？在雙方沒有感情基礎、未來也不需延續人際關係的情況下，彷佛「有朋自遠方來」並不是值得珍惜的事。

由此可見，現代社會的人際聯繫多麼薄弱。「人」成了工作生產線的一個環節，只要機械化地走完流程即可。從前，我很喜歡前往外地演講，即使多花時間與精力，只要感受到濃郁的人情味，就值回票價。而今，我只願去「有人味」的地方，如果感受不到對方的同理心，就不再「自作多情」多跑一趟。

為什麼愈來愈多的人，失去了可貴的真心真意？因為，週遭的人也是這樣對待他。當天我花許多時間到臺南（至少十小時，其中演講占不到三小時），與會人士卻坐在會場的後半段，前半段完全空著。這種疏離感，令人尷尬與害怕，我只去一次都感到難受，更不用說承辦活動的同仁，怎會不想快快把演講辦完就好？因為，他們也得不到同事的支持與欣賞。

如果是我，可以怎麼做？

如果不能接送主講人，除了表達歉意，更應詳細告知搭乘接駁車的狀況，讓對方可以計算行程、較為安心。好比外地人問路，你不能以當地人的方式告訴他，而要以他「就是不熟悉」的同理心來指引。糟糕的是，有些人非但不指點迷津，還會以語帶嘲笑的口吻：「怎麼這麼簡單也聽不懂？」

「優客李林」有首歌〈多幫別人想〉（詞曲／李驥）：

如果你用心幫別人想，每個明天都會充滿希望。

把所有封閉和冷漠的心擺在一旁，和我們一起歡唱。

從前注重品德教育，好兒童等同於助人者。然而，工商社會的腳步愈來愈快，根本沒有多餘時間關注別人，加上綁架、詐騙事件頻傳，「陌生人」都被當成「騙子」；大家愈來愈不敢用「好心腸」、「軟心腸」來對待別人，以免惹禍上身。這也影響到正常的人際關係，即使對認識、有關係的人也不願太親近，以免可能要幫對方多做什麼。

案四：是誰的錯？

我曾經預訂某連鎖咖啡店的母親節蛋糕，卻有不太愉快的經驗，影響了我對它的觀感及後續行動（不再想去那家連鎖咖啡店了）。當時我的學生在那兒打工，他鼓勵我給自己訂個母親節蛋糕；我想既可幫學生衝些業績、預訂又有折扣，就答應訂了一個千層派蛋糕。

學生給我提貨單時，上面寫著「五月五日訂貨，五月九日提貨」。因五月九日就是母親節，家人已預定到外地過節，是否可以提前一天拿蛋糕呢？五月七日晚上，我路過那家門市時，進去詢問了櫃檯人員，他表示：「現在沒有千層派了，明天早上可以提貨。」我心想真是太好了！

為了拿蛋糕，隔天一早我們全家高高興興地到這家連鎖咖啡店吃早餐，餐後也順利拿到了蛋糕。回到家，打開盒子欣賞了一番，不料，沒多久竟接到該店人員來電：

> 不好意思！那不是你們的蛋糕，你們應該明天才能拿蛋糕。所以，現在請你們把蛋糕送回來，別人正等著拿蛋糕！

我聽了非常「傻眼」，於是回答：「我們已經打開吃掉了。」當然，之後的對話就有些不愉快，因為店員聽出我的「謊言」，所以仍希望我把蛋糕交還。家人聽了，也開始「責怪」我：不該向學生訂蛋糕、一定是我沒聽清楚領蛋糕的時間……。當然，後來我們仍舊把蛋糕吃掉而沒還，只是本來該是美味的蛋糕也變得「走味」了（以及「走調」的母親節）。

為什麼他會這麼做？

這次的蛋糕事件，我共接觸到該店的四位店員。第一位是我的學生，他鼓勵我買蛋糕、幫我訂蛋糕、給我提貨單，但未說清楚提貨的相關規定——是不是限定在五月九日當天提貨、可否提前？他也許假設我常在他們店裡訂蛋糕，所以很清楚相關規定，或認為我會如期領蛋糕，提貨日期不會對我造成困擾。

第二次接觸到店員是在五月七日晚上，我詢問他可否提前拿蛋糕。在對方表示已經沒有千層派的時候，我曾再確認一次：「明早就可以拿蛋糕？」他肯定地說：「是的！」所以，或許是他沒專心聽或沒仔細看提貨單、以為我的提貨單是要當天提貨；我基於對店員的信任，才在隔天早上去拿蛋糕。

隔天早上在店內吃完早餐，我將提貨單交給第三位店員，告知昨晚已詢問過說今早可以來拿蛋糕。這位店員拿走提貨單，交給我蛋糕。最後一位店員則是打電話要我交還蛋糕，還告訴我拿錯蛋糕了。這是怎麼一回事？同一家門市，為何卻「不同調」？就當時的情況以及對於身為顧客的我來說，只覺得怎麼可以給了我蛋糕，又要我還回去？訂一個蛋糕要「拿到手」，真有那麼難？

如果是我，可以怎麼做？

如果我是店員，一定將公司提貨單的相關規定弄清楚，並向顧客說明及確認明白；或者在預訂蛋糕時，就該詢問顧客希望何時拿蛋糕。另外就是這類的連鎖公司，預訂與提貨可能是不同的系統，更要確認數量，以免有人提不到貨。

也許有人像我一樣，第一次跟連鎖店訂蛋糕（一般都是在巷口麵包店訂，或直接到蛋糕門市挑選），並不清楚「大公司」的規定。但既然可以領到蛋糕，就應該不是我的錯了！

公司日後一定要加強員工訓練，除了向顧客說明預訂蛋糕及提貨的規定外，萬一發生錯誤時，「危機處理」更加重要，否則就「不賺反賠」。當店員錯拿蛋糕給其他顧客，公司會要求店員「要回來」嗎？在櫃臺前拿不到蛋糕的顧客，又該如何安撫呢？就算我送回去，誰願意接受一個已經被別人帶回去、打開過的蛋糕呢？拿不到蛋糕的顧客，一定更火大，可能還會要求賠償！我們這「兩家人」，甚至是知道這件事的朋友，日後應該都不願成為這家店的顧客了。

案五：腳踏兩條船的後果

我有位很優秀的女學生，大學畢業後第一次應徵的工作是比較模稜兩可的實習工作，沒有一般工作確切的薪水與簽約程序。於是，她犯了一個剛開始不覺得有什麼關係、事後卻很震驚的錯誤——不小心先答應了某公司，之後有更好的機會時，她就不去這家公司了！她知道自己不對，然而卻對該公司的責怪反應感到驚訝。她希望我給她一些建議，同時在往後的課程裡，也要我提醒同學找實習工作時，注意可能發生這樣的問題。

原來她同時應徵了幾家公司，答應某公司去實習後，又接到另一家她更想去的公司的錄取通知，於是她寫了一封電子信函，給想放棄實習的那家公司的總經理及技術經理。結果總經理的回信很不客氣，而且說以後在網路界會給她「負評」。她當下被嚇到了！自己在這件事裡也學到：還沒確定的事，不要隨便答應別人。以下是她寫去的信，以及對方的回信：

給總經理及技術經理的電子信函

○○、○○您們好！

我是○○，今年暑假我同時應徵了幾家公司的實習，由於各公司公布的時間不同，今天才全數公布完畢。儘管我曾想嘗試同時在兩家公司實習，幾經考慮，還是專注於一份實習工作比較好。所以我決定放棄貴公司，也非常感謝您們給我面試的機會，希望能繼續保持聯絡。如果可以，我很願意到公司或透過電話，當面與兩位談談。謝謝！

○○ 傳播正向力與幸福感的人

總經理的回信

不必了。

By the way，既然下定決心要做沒信用的事，就直接做，然後說聲對不起之類的就好了。講了一大篇、一大堆，只會讓人家對妳的人更毛骨悚然。再繼續往下，看到什麼正面感和幸福感，我還是毛骨悚然了。

技術經理的回信

Sorry，總經理的語氣有點太強烈，不過他想表達的是失望成分居多，因為妳之前一直沒有提到還沒做最後的決定，所以我們在面試其他實習生的時候，一直把妳算在已經會來的成員之一。現在我們的感覺，好像已經訂婚了，卻突然說不結婚。不過這也是我的疏忽，一直忘了問妳其他的狀況。下次如果有類似的情況，妳可以一開始就說妳還有其他的對象在考慮，這樣我們心裡也有個底。很遺憾沒有辦法一起共事，不過我想這大概就是一種緣分吧。祝妳有個快樂&充實的實習生活囉～

為什麼他會這麼做？

其實，每到畢業季，會這樣做的人不算少。這位女同學平時的態度一直很好，絕不會故意得罪別人。她說，寫信前也諮詢過學長的意見（可見學長也曾這麼做），沒想到這樣做別人會生氣。對這些畢業生來說，應徵工作時都會表達強烈的意願，等最後結果發布後，再挑選自己想去的地方，放棄第二志願，這似乎是「正常心理」。這次，若非被總經理情緒化的措辭嚇到，她大概也不覺得自己哪裡不對。

我自己擔任主管，在應徵新人時，也發生過類似情況。好不容易從數百位應徵者中挑出數十位，再花一整天時間面試後，才錄取到一、兩位適合的人選。有些錄取者因還同時應徵別的地方，當其他地方錄取，就通知我們「不來了」。還有人是抱著「騎驢找馬」的心理，一邊工作一邊還繼續找新工作，遇到比較好的機會就立即跳槽，常常連三個月的試用期都待不滿。我們只好重新招考、訓練，浪費許多時間、心力，日後也變得處處防衛，總懷疑這些應徵者的誠意。我的學生中也有人接了聘書又承諾另一份工作，來徵詢我的意見時，還說這樣做是不得已的（因為「人往高處爬」）。我自然十分失望，怎會教出「以為這樣是正常的」學生？

如果是我，可以怎麼做？

如果別人對你背信（說話不算話），你會覺得生氣吧！那麼何妨「將心比心」，也不要對人失信，這絕對關乎品德問題。一般人在涉及利益時，多半為自己考量多些。以應徵工作來說，如果錄取後改變主意，自覺沒有「不告而別」，已經算是不錯了！但，今日你對別人「背信忘義」，來日別人也會這樣對你，所以千萬別「雙重標準」，只准自己這麼做，卻對別人勃然大怒。

就算是「騎驢找馬」，仍應在一個地方停留的時間久些（我只敢「奢望」兩年）。日後找工作前，也應先確認自己真正想要的目標和工作性質；若同時應徵好幾個工作，應先表明立場，給雙方都預留可能的退路及準備。不要太常變換工作，除了造成工作經驗不足外，也讓人懷疑其中另有「隱情」。

案六：過於「任務導向」，輕忽「人際導向」

我常與出版社的編輯打交道，編輯是否善於溝通，即能決定出版社與作者之間能否合作愉快。可惜，編輯的工作十分繁重，所以流動率高。經常變更編輯的結果，便是不易與作者建立關係；若編輯又過於「工作導向」、不擅溝通，必因溝通不良而影響工作的順利進行。

有一次，我接到某出版公司一位新編輯的電話，表示有重要事情，要我給他一個最靠近的時間，盡快與我面談。隔兩天他與主管一起來我任教的學校，並開門見山地說，五、六年前我在該公司出版過一本書，因為不夠活潑、例子不符合時代需求，不像其他公司出版的書那麼暢銷（接著遞給我兩本書），所以希望我能照著這些暢銷書的形式改寫。

當時我因不明白他們改版的具體範疇、期待與時限，所以請他們確定後告訴我，我再考慮能否配合。之後我收到這位新編輯的電子信件，但他給我的寫作期限很短、期待很高、範圍又太不明確、指示性過強，因此我回覆：該書已賣斷，除非合約註明我有接受改版、改寫的義務，否則可否請別人代寫。他表示，下週主管會議後，再將討論結果告知。過了兩週，因為一直沒有收到任何回覆，我假設他們已找其他人代寫了（反正不需要我了，所以不必告知）。又過了一段時間，該公司一位我較熟悉的主管來電，告知該書已決定暫不修訂，業務也轉由他來承接；那位新編輯只待一個多月就辭職了，他的直屬主管也請了長假。

為什麼他會這麼做？

工作風格中有人偏重「任務導向」，輕忽「人際導向」，覺得只要將工作完成即可，無需浪費時間在人際互動上。然而，這樣做往往「欲速則不達」，反使別人覺得不受尊重，因而拒絕與你合作。這位新編輯也許沒有不尊重作者的用意，只是因為新接工作、求好心切，忽略了「做人」也是「做事」當中重要的一環，才會對作者「就事論事」、「有話直說」；加上太求「速效」，未考慮別人的狀況，導致任務徹底失敗。

如果是我，可以怎麼做？

以後我的學生如果擔任編輯，我會教他：

1. 與他人約時間，應先說明目的及主題，並做好事前準備。
2. 先確認合約內容，釐清責任歸屬。
3. 請求別人協助時，應注意自己的態度，尤其第一次見面，用字遣詞更應謙遜及謹慎。
4. 要求別人配合時，應先徵詢及溝通協調，設身處地為他人設想。
5. 對於人際關係要長期培養，不能等有事情時才「臨時抱佛腳」。
6. 請作者修改，應給予大方向而非細節，以免限制了別人，像是命令的口吻。
7. 對待作者，不能只批評而無任何肯定，更不可將作者的書與別人比較。
8. 不能只急著想完成自己的任務，而不顧慮別人的感受與難處。
9. 會議的結果，應盡快告知對方，不要讓別人空等。

以這次改版事件為例，建議應給予作者較寬裕的時限，並明確告知改版的期待及範疇，且最終還是要尊重作者的想法（需不需要改版、改版的幅度及字數等），才能既達成任務又維繫人際關係，兩全其美。

真實作業與成長

1. 以一個自己周遭職場溝通「見不賢而內自省」的例子，想想「為什麼他會這麼做？」及「如果是我，可以怎麼做？」

2. 請朋友推薦一個職場溝通「見不賢而內自省」的例子，並請朋友推測「為什麼他會這麼做？」及朋友覺得「如果是我，可以怎麼做？」

第6堂

成功的職場溝通——「見賢思齊」

老師辛苦了！幫您訂了便當，也請您帶一份便當跟土產回去給家人！（卡片內容）
不但幫我倒茶、提行李，還有雙份便當跟土產……好用心啊！
感謝狀
土產

成功的溝通者既能令人心曠神怡，工作也事半功倍，值得好好研究，向他們多學幾分。像音樂才子王力宏作詞作曲及演唱的歌曲〈Forever Love〉，就說明了真正持久的愛不只是靠外表，還有更為可貴的溝通魅力。歌曲開頭就唱：「愛你，不是因為你的美而已」，「值得愛」是因為許多良好的「非語言溝通」特質，如：

每個眼神觸動我的心。
你的笑容，多麼自然！

這些構成了「所有幸福的理由」，讓人「只想用我這一輩子去愛你」。溝通與表達的方式，需要拿捏好分寸。例如，我讀大學的女兒出門前問我：「穿這樣，你覺得怎麼樣？」我有時看得太久而未及時回應，她就擔心聽到什麼批評。其實，我的內心也掙扎著要不要說：

為什麼要穿這一件？
為什麼不穿那一件？
為什麼要穿這個顏色？

這樣穿會不會太熱（涼）？

這樣說，會不會破壞女兒的心情與母女關係？繼而再想：「她這樣穿有什麼不好？」「我的眼光真的比較好嗎？」「讓她漂漂亮亮出門比較重要？還是開開心心比較重要？」所以，現在我都挑優點說：

這件衣服的扣子好閃亮喔！

這件外套的設計好獨特喔！

這件風衣在微涼的天氣最適合了，還可當雨衣。

這條長褲好適合你喔！

職場上要達到愉快的溝通，更為困難！因為，你可能不認識、不了解對方，不確定怎樣說，才是有效的溝通。有些同事因已共事多年、知道彼此的個性與做事風格，若曾有不愉快的溝通經驗，就很難再自然、愉快地相處。然而，做事與做人同等重要；做事能力再強，若別人不願幫助你、不喜歡與你合作，甚至明槍暗箭地抵制你，則在孤掌難鳴之下，傷身亦傷心。

案一：理性與感性兼具

我常接到演講邀約，能清楚說明邀約目的與細節，又能兼顧人際關係的並不多；北市公訓中心的千慧，就是很好的楷模。與她溝通既順暢又有效率，使人心情愉快。她能將你想知道的事情，事先設想好而一併告知。她的聲音親切活潑，用字遣詞也不「生硬」（公事公辦）。

以我們合作的經驗為例，她會先以電話聯絡，當我同意授課後，再以電子信函告知開課細節，令人覺得她很有禮貌、注重人情。如今，大多數人都以電子信函接洽事情，幾乎不用電話聯繫了。即使是電子信函，千慧也能傳達專業與親切：

王老師您好：

感謝您如此明快確定我們邀請的課程。

以下是這門課的相關資訊：「時間管理研習班」。本年度預定開兩期：第一期已與您確定在四月六日（星期五），第二期預定於七月十八日（星期三）或七月十九日（星期四）兩天選一天（亦可配合老師調整）。

預定課表如下（共七小時），請老師惠予指導、調整及分配時數：

1. 時間管理的目的
2. 時間管理的特性原則與秘訣
3. 時間管理的技巧與技能運用
4. 提高工作效率小技巧

原則上我們的課程大都以上午 9:20–12:10 (3 hr)、下午 13:10–17:00 (4 hr)，不過也可以配合老師的時間調整！

另外附上講座基本資料表，煩請老師填妥後回覆~謝謝王老師！（聽到您甜美的聲音就很期待您的課程了呢！）

開課時間接近時，她自然地以一封電子信函提醒我，並請我提供授課講義。整個溝通過程中，我常收到她的電子信函及電話。如：

老師好！

新年快樂~感謝老師擔任「時間管理研習班」授課講座。目前第一期報名人數大爆滿!已達七十四人(名冊如附件),將如期於老師選定的四月六日開班上課,課表再跟老師確認一下。如果沒有問題,順便請老師提供上課講義讓我送印!感謝您!

他是怎麼做到的?

因為電子信函的便利性,就我來說,有百分之八十以上的演講邀約,都是透過這種「無聲無息」的方式進行。感覺上對方只在完成一件事情,並不想與人真正接觸、交流,所以事情結束後,人際關係即告終止,也由於這種「神龍見首不見尾」的溝通方式,以致即使我到達演講會場,仍不知之前是誰與我聯繫的。以這樣的做事角度來看,「人」變得不重要,只成為生產線上的一顆小螺絲釘,令人遺憾!

幸好還有百分之二十的人,珍惜及熱愛自己的工作;能放入情感、喜歡與人互動,因而促成良性循環,使人際之間更加溫暖、工作充滿樂趣。工作開始,人際關係即已建立;工作結束後,人際關係依舊持續、不會告終。

我應該向他學習什麼？

工作不只需要「做事」的理性成分，也要看重「做人」的感性部分。多幾分親切、體貼等情感，工作起來會更加順利及愉快。工作中的理性與感性並不相違背，若只有理性、就事論事，容易因冷漠而破壞人際關係，也使事情增加了難度。工作中永遠離不開人際關係，如何拿捏及運用？如何維繫及增進？都值得好好探究、精益求精。所以邀約演講時，在電子信函內應載明詳細的內容，之後再適時地提醒，必要時可利用電話，並注意態度及語氣。若「平時不燒香」，需要時才找別人，別人也只會敷衍你、甚至不予回應。

案二：永保欣賞的眼光

曾端真教授是國立臺灣師範大學教育心理與輔導學的博士，目前擔任國立臺北教育大學教育心理與輔導學系教授兼副校長。她一路從系主任、圖書館館長、教務長、教育學院院長，高升到副校長，深獲長官及同仁的信賴。她一貫高雅的服飾、謙和的氣質，無論再忙，總能面帶微笑、輕聲細語、心平氣和地對待任何人。我們雖不曾共事，她卻一直以學姐之姿照顧我。她的親切、謙虛、笑容、尊重、開朗、注重儀容及辦公室整潔、主動邀約別人聚餐及送禮物等，都是我學習溝通的楷模。

最令人讚嘆的是，端真教授對人欣賞及肯定的功力。她「口吐蓮花」，能敏銳看出別人的優點（甚至是別人不曾覺察到的優點），不論多小的長處，經由她的讚美，都會讓人覺得自己很特別、有活力。她與我的恩師賈馥茗教授一樣，都有使人「向上」、「向善」的魔力，只要與她接觸十分鐘，就可使人振奮至少大半年。正所謂「聽君一席話，勝讀十年書」，怪不得她一直牢牢地吸引著我。

之前她擔任教育學院院長時，她的祕書雅琪受其影響，也是個頂尖的好下屬。對於工作不僅「做完」，還能用心「做好」。雅琪除了熱忱、注重人際互動，還多才多藝，肯主動去做額外的工作。例如，她擅長水族箱的魚類照顧，除了幫上司布置水族箱及養魚，較長的假日還會自動到辦公室來餵魚。她的主管、同事及客人，常喝到她沖泡的薰衣草茶。當然囉！她現在也是副校長的祕書了。

他是怎麼做到的？

怎樣的成長背景（家庭教育、學校教育），可使一個人「數十年如一日」，從不失去「真我」？我與端真學姐並無師生、從屬關係，以往也無深交，她卻對我十分友好。我相信，她對待家人、學生、同事，也都如此體貼。

一般人稍有成就即容易傲慢、冷淡，但端真學姐從系主任至副校長，從未「變臉」。她做到了人本心理學所強調的「一致」（表裡如一、始終如一），以及儒家哲學的「誠」（不自欺，不欺人）。

這讓我想起一個有趣的例子，我輔導過一位罹患精神分裂症的學生，常將別人看成蟑螂、蜘蛛等昆蟲模樣的外星入侵者，所以對人處處防備。但他說，觀察了我兩年，我都不曾「變臉」為外星人，所以可以信任。我將此視為莫大的讚美，時時提醒自己莫忘「本質」與「初衷」。

我應該向他學習什麼？

端真學姐能發掘及鼓勵別人的「亮點」，即使只是「微光」，都因她的獨具慧眼而發揚光大，使你覺得自己所做的事情很有價值，因而對自己充滿信心，充分做到好老師能使學生持續志向的功效，就如同《禮記．學記篇》所說的：「善教者，使人繼其志」。

我的恩師賈馥茗教授很擅於激勵別人，總能讓人不灰心、找到繼續努力的動力。例如在我拿到博士學位三年、還找不到理想教職時，她說：「重要的不是你在什麼位置，而是你有什麼貢獻。」一句話就讓我轉移了注意力，不再只追逐自己的成就，而是經常自問，所做的事是否對人有貢獻？

案三：為別人多付出一些

我常開車到北、中部地區演講，難免迷路。有一次到宜蘭國小，陸主任比一般主辦人員更加體貼與親切。當我找不到路時，他除了耐心指導路線，還在校門口等我，引導我進入學校停車，並預先買好一杯咖啡，給了我最實質的振奮力量。演講結束時，他不捨我再次迷路、耽誤回家時間，便坐上我的車，送我到最靠近高速公路的道路上，然後自己再走回學校。

他是怎麼做到的？

「優客李林」有首歌〈耐心讓你更順心〉（作詞／林秋離、作曲／熊美玲）：

如果你多給別人幾分鐘，地球會轉得更從容。

我開車到外地演講，因不想依靠衛星導航，都是按（地）圖索驥。轉錯一個彎或錯過路牌，就容易迷路。當我請問主辦單位該怎麼走時，通常很難溝通。對在地人來說，路沒幾條、又很清楚，怎麼就找不到呢？他們的語氣忍不住會責備或嘲諷。其實，當雙方都焦急時，就愈來愈講不通。若願意多花幾分鐘、聆聽別人的困境，將更能解決困難、節省時間，別人心中也增添許多暖意。

幸好我常遇到像陸主任這樣有耐心、不會有意無意「暗示」別人是笨蛋的好人，能一直耐心指點，直到抵達目的地為止。有些承辦的主任或組長，甚至還會開車前來「緊急道路救援」，引導我到達演講地點，令人感動不已。

我應該向他學習什麼？

我們要學習的是，先控制自己焦急的情緒，以冷靜的心情了解對方迷路的狀況。再以平和的口吻，具體告訴對方簡明的行進方向。並請其小心開車、不用擔心遲到，他們會耐心等待等，以安撫對方的心情。

我還遇過一次「真人電話衛星導航」，那次是晚上，所以迷路時心情更加複雜，但對方將電腦上的地圖與路線，透過電話一路引導；不僅指點清晰，而且口吻親切，還一直鼓勵我，直到我平安抵達為止。

案四：學生最愛的金莎校長

某天晚上，我到中崙高中參加家長代表會議，潘正安校長於會前五分鐘到達，坐在主席位置上，微笑注視大家且點頭打招呼，這讓提前到達許久的我，覺得受到尊重，且不擔心會議會延遲開始。

潘校長不僅對家長客氣、親切，對學生更是如此。他是學生心目中的大明星，走到哪裡都受到熱烈歡迎，學生都會主動與校長打招呼。從他擔任建成國中校長以來，就以「金莎校長」聞名，直至中崙高中校長退休為止，不知已送出多少盒金莎。金莎巧克力可不便宜！但潘校長卻在朝會或一般獎勵學生時，一個人送一盒至少十六顆，非常大方！

他是怎麼做到的？

潘校長這麼做已經很多年了，原因是他非常疼愛學生。學生愛吃金莎，於是他也樂於投其所好，送「學生的最愛」給「最愛的學生」。我很好奇潘校長為什麼要這麼做？他說：

如果你愛學生、寵學生，讓他感受到愛；那麼他就會變得開朗、心就會打開。選擇金莎則是因為它甜蜜蜜、包裝又亮晶晶。一人送一盒十六顆，是讓孩子可以與同學分享。如果一班送出兩盒，就幾乎每個同學都可以吃到了。

潘校長相信正確地寵愛不會寵壞學生，而能讓學生因獲得足夠的愛，而得以健全成長。

我應該向他學習什麼？

至少要向潘校長學習不吝惜地慷慨、捨得花錢（你去買一個中盒的金莎巧克力就知道了，何況潘校長還成箱成箱地買呢）。金莎公司應該頒個最佳客戶獎給他吧！

我的恩師賈馥茗教授也是寵愛學生的典範。與她相處二十五年來，我數不清吃過她多少頓飯、拿過她多少禮物。尤其是拿到博士學位後的十八年，每一、兩個月，我們全家就一起去老師家探望她，幾乎每次都是老師請我們吃飯。老師總是很自然地說：「家裡剛好有……，就在家裡吃吧！」（怎麼可能都剛好有滷牛肉、燒雞、火鍋料……，其實這些都是老師特地買的啊！）要不老師就說：「附近新開了一家館子、我吃過一家不錯的館子、上○○會館吃吧……」，而且還是老師買單，我們要付帳總搶不過她，多年來，我們全家「很自然」地享受老師的寵愛，實在太幸福啦！常常吃完飯還繼續享用老師家的好酒及咖啡，離開時老師又要我們拿走大包小包，她會說：「這個茶葉給妳公公喝、這個肉鬆給女兒吃稀飯、這些水果給妳婆婆吃……」。

案五：吃不吃有關係

我幾乎每週會去一次較遠的外縣市演講，即使搭乘高鐵比從前迅速方便，仍難免有些小尷尬，比方演講前後的時間，通常會卡到午餐及晚餐。遇到這種情況我大多是自理，但也遇過幾所學校盛情難卻，一定要等我一起吃飯或幫我準備便當、點心盒帶走，例如東華大學、慈濟大學、中國醫藥大學、亞洲大學、靜宜大學、樹德科大等。

有一次我去臺東大學演講，到了中午十二點，教學中心的王前龍主任表示一定要帶我去吃午餐，再送我到機場，不用擔心趕不上班機。中午，他的夫人特地開車來帶我去用餐；王主任很細心，因為下午他還要主持研習，所以請太太陪我慢慢用餐及送我去機場，令人感覺這對夫妻真是溫暖及合作無間！

另外一次，我開車去銘傳大學龜山校區，準備下午一點三十分的演講。承辦人黃小姐十分貼心，於一點鐘左右來電詢問我在哪裡，並出來引導我停車。雖然我表示不用準備午餐（其實當時才從政大下課即趕過來，並未用餐），但她仍準備了，且在演講結束時先微波，堅持要我吃完熱便當再離校。

某次我去清雲科大演講，承辦的鈴雅早就詢問我中午結束時想吃什麼，因我要趕回世新大學上課，所以婉謝，表示會自行準備麵包。結果，鈴雅還是準備了非常好吃的雞肉捲與柚子茶，並自然地陪我走到地下室停車場（因為先前我從停車場上來會場時迷路了），實在非常貼心。

世新大學學務處也很用心，他們在鶯歌陶瓷館辦理員工自強活動，邀我做一場早上的演講。數天前就問我要喝什麼飲料，因為會場很貼心地設在館內的咖啡廳，大家都可以點飲料。所以，那天我也心曠神怡地邊演講，邊喝了好大一杯的熱咖啡。

不過，我也遇過完全相反的狀況。

某次我去高雄某大學演講，時間是下午一至三點，承辦人員既不關心我是否用餐，演講結束時恰為茶點時間，也未幫我準備一些點心。另外，承辦人員要我自行從高鐵左營站搭捷運前往該校，出捷運站才發現，離學校還要走很遠。下高鐵時剛過十二點，到達該校已經一點了。當天我沒便當、沒點心，所以回程時決定搭計程車去高鐵站（計程車費自付），不讓自己又餓又累。

還有一次去某大學做晚上六點半的演講，臺下學生邊吃著主辦單位提供的便當，邊聽演講，但承辦人員卻沒問我是否用過晚餐；晚上九點半演講結束後，我只能飢腸轆轆地離開。還好我親愛的家人無論如何都會幫我留晚飯，才不至於餓著肚子上床。

他是怎麼做到的？

辦活動時為學員準備餐點，除了能夠滿足生理需求外，也可藉由一起吃飯或享用茶點，增進學習氣氛與情感交流。為講者準備餐點，則可藉此傳達對講者的同理關懷（從外地來的辛苦與付出），以及表達謝意、建立情感及後續的人際關係。

從前，人與人之間關係深厚，即因藉由食物而產生愉快的感受，且因此而有更多的時間相處，形成良性循環。

我應該向他學習什麼？

無論如何，即使準備了餐點而講者覺得不需要，總比完全忽略或「口惠而實不至」（光說不練）來得周到、有誠意。從前社會的人情味濃厚，見到人就關心對方「吃飽沒」；而家庭的溫暖，也顯現在餐桌上父母精心準備的餐點。正所謂「民以食為天」，從吃的部分下手、抓住別人的胃，更容易抓住別人的心！

總歸而言，替人準備餐點或相約一起吃飯，主要仍在多替別人設想的心意。多與同事聚餐，能增進默契；以早餐或午餐會報的方式開會，既滿足食慾又能兼顧工作；請優秀員工用餐，可犒賞學員、激勵士氣。與顧客一起用餐，則可維繫及增進合作關係。

案六：我多麼幸運，人海中遇見你

弘光科大的陳家倫教授是我的好友，大學時代我們雖只同學不到一年，但那一年我得到她許多的鼓勵，夠我受用一生。當年不論我參加演講、辯論、詩歌朗誦等任何比賽，她不但陪伴我，而且非常善於誇獎及鼓勵我。她常以讚嘆的口吻說：「這一段你讀起來好好聽，再讀一遍好嗎？我還想聽！」

有一次，我應她先生蔡瑞明教授之邀，到東海大學社會系演講，結束前半小時，家倫已趕到會場等我，之後還帶我到東海校園拍照。當時是六月初的畢業季節，東海的鳳凰花開得十分豐美。家倫找了好多處景點，除了幾張請別人幫我們的合照外，其餘多是我一人的獨照。她邊拍照邊誇獎我「上相」、「衣服很搭」，讓我覺得自己好像大明星、大美女。

他是怎麼做到的？

家倫這種細心的欣賞眼光，與不吝惜給予別人讚美，不僅能為別人帶來溫暖，也令人格外珍惜朋友間的情誼！當年我們都還是大一新鮮人，我以「初生之犢不畏虎」之姿，勇闖學長姐等「高手林立」的演講、辯論、詩歌朗誦等比賽。若非家倫的獨具慧眼，激發出我的潛能，我真不知哪來的自信，能無視高手環伺、盡情地展現自我！若非家倫的欣賞與鼓勵，我絕對不敢這麼「大膽地向前走」。

我應該向他學習什麼？

我要向家倫學習的是，她對待朋友真誠的態度。現代社會的好朋友，固然未必「兩肋插刀」，但是「相挺」的姿態一定要有。家倫對我的鼓勵，就是她力挺朋友的方式；至於她對人的賞識——慧眼識英雄的「伯樂」眼光，更是一種難得的天賦。我相信，除非有特別開闊的胸襟，否則很難這麼不吝於讚美別人。

案七：辦活動達人

「內舉不避親」，我要褒揚的是我的小妹——慈濟技術學院的王淑芳教授。她是辦活動達人，參加她主辦的活動，不論學員或講者都覺得既愉快又充實。原因是：

1. 主辦人非常負責與投入：淑芳承接國健局或國科會等專案時，不論到哪裡辦活動，都會親自到場，而且幾乎全程參與（兩三天的活動亦然）。不僅人在會場，還積極與學員及講者互動，讓學習氣氛更加活絡。

2.善於營造溫馨的學習環境：

a.請學員帶一份居住地的特產或排隊才買得到的肉包子，也有人帶自家特製的點心、飲品、各色零嘴。藉由食物的交流，打破彼此陌生的藩籬。研習開場時，淑芳不僅介紹課程內容，也推薦及讚揚學員帶來的美食及情意。

b.製作學員名牌及分組：名牌的字體夠大、夠清晰，並依名牌的掛繩顏色分組。每組還設一位資深、有影響力的「導師」，全程帶領組員活動。

c.小天使：學員要擔任小天使，一到會場即抽出小主人。除了先準備一份小禮物給小主人外，研習期間還要暗地關心及支持小主人。直至活動結束，才會宣布誰是自己的小天使。

d.按一個「讚」：發給每位學員一個寫了大大「讚」字的圓扇子，當覺得臺上的講者、學員或導師表現很好時，立即舉牌表示讚賞。

e.小組良性競賽：藉由各種遊戲規則，隨時在公布欄上為各組加分，以收激勵之效。如：率先上臺分享，可加一至五分。

f.運用導師的助力：很少有活動能邀請「重量級」人士擔任輔導員，而且「師生比」相當高。通常一個班有一位輔導員就很不錯了（可能還經常「神龍見首不見尾」，感覺不到輔導員的存在）。淑芳的研習課程裡，每組均設有輔導員，不但全程參與，而且會定時開檢討會，以及批改組員作業。

他是怎麼做到的？

淑芳的責任感與追求卓越的精神，使她對自己要做的事情均全力投入，且能立即改進、精益求精。她雖有不少研究與工作的助理，自己卻不怕多做事；不同於許多主管，幾乎將所有工作交給承辦人員。由於承辦人員的職權及能力有限，常無法帶動研習氣氛，當研習活動面臨困境或需要調整時，也很難承諾與做主。因此花了時間、心力與經費，只是「辦完」活動，卻未必能「辦好」。

我應該向他學習什麼？

不要將活動成敗的責任都交給承辦人及外聘的講者。即使是主管，也應親自參與部分活動，以便實際了解活動的狀況、掌握成敗的關鍵。就算只是來開場與結尾，也須用心準備、帶動氣氛，不可草率了事。我常遇到主管來到主辦場合，卻變成「貴賓」的姿態，對於活動內涵所知有限。我也遇過許多次被主管「忽略」的可憐經驗，在介紹我時，除了不肯修飾對我毫不熟悉的事實，甚至在活動結束時，還指出我的知名度不夠、吸引力不足等。例如有次我面對中學生演講，因臺下較為騷動，致演講效果較差。我向承辦主管道歉，他竟說：「是啊！今天的演講，學生的確比較沒有興趣，不像上次侯文詠來那麼熱烈。如果你是王心凌就好了！」

案八：傳遞愛的能量

我有許多良師益友，他們待人的真誠與溫暖，是我一輩子也學習不完的功課。例如我的國中導師蔡明雪老師、喻健老師，直至今日她們還十分關心我、欣賞我，真正做到「一日為師，終身為父」。

從臺北市民生國小退休的蘇蘭老師，許多人認識、也特別欣賞她。可惜，才五十一歲的她，竟因病離世。但她的真心誠意及對朋友的善良多情，永遠令人留戀。

屏東縣私立南榮國中的前校長陳純適，高中時我們同校同屆，但彼此並不認識。多年後透過國中恩師喻健老師，我受邀到她主持的學校演講，從此結下不解之緣。她對人特別真誠與用心，願意付出許多時間與心力，了解別人、幫助別人，與人建立長期關係。

我有幸遇到許多「會做人的特殊人物」，共同點都是善於傳遞愛的能量，值得我珍惜一輩子，好比蔡榮美老師、高紅瑛老師、裘尚芬教授、李玲惠校長等；當然還有我最親愛的老公——中華科技大學的學務長胡興梅教授，談戀愛時他的好就不用說了，結婚近三十年，他仍然任我自由自在、我行我素，而且一直那麼地重視我、疼惜我，是個禁得起考驗的人生伴侶。

他是怎麼做到的？

這些具備「博愛」特質的特殊人物，一定都是在愛中成長、最能體會愛的力量的人，才能充分「散播歡樂散播愛」。他們待人絕不冷漠、敷衍，所以人們會被他們牢牢吸引。翁山蘇姬的自傳式電影《以愛之名——翁山蘇姬》（*The Lady*）中，她曾對丈夫說：「你應該是世上最放任妻子的丈夫了。」她的英籍丈夫麥可・哈里斯（Michael Aris），以寬愛和支持，展現對翁山蘇姬及緬甸人民的理解。他一次又一次地極盡所能，以自己的方式保護、支持他摯愛的妻子，化小愛為大愛，情願犧牲自己的兒女情長，也堅持要妻子留在緬甸，繼續帶領和平民主改革運動。直到他癌末臨終時，仍不要妻子回英國看他。

我應該向他學習什麼？

真正的愛是犧牲而非占有，是源源不絕的付出。可惜，不少人在愛情中只在意朝朝暮暮的廝守，甚至不允許所愛的人離開自己的視線；有些人則是渴望愛而不可得，一味抱怨別人不夠關心他，卻從未多花一絲心力關心別人。這種自私自利的態度，是人際溝通的大敵。許多人際衝突，就是源於這種心態而爭奪不已、爭論不休。

對於同事、顧客等工作上需要互動的人，關係雖不密切，仍要以愛心及真誠對待，這就是我們要不斷用功學習的地方。

真實作業與成長

1. 以一個自己周遭職場溝通「見賢思齊」的例子，想想「他是怎麼做到的？」及「我應該向他學習什麼？」

2. 請朋友推薦一個職場溝通「見賢思齊」的例子，並請朋友推測「他是怎麼做到的？」及朋友覺得「我應該向他學習什麼？」

第7堂

職場需要的熱情及同理心

老師上得了講臺嗎？
極限運動
Start!!
腫脹

求職時，常會看到一項抽象條件：具備工作熱忱。一般人可能覺得是輕而易舉、理所當然。所以在面試時，極盡能事地描述自己對工作有多麼熱愛、有多麼強烈的企圖心及遠大的計畫；但實際工作後才發現，每天所做的事情都差不多，固然有雄心壯志，若得不到上司、同事、顧客的支持，無法發揮個人才華，終究會逐漸消沉而提不起勁，工作心態也轉為消極。若基於生活壓力不願離職，又不能改變現狀，就會成了「鴕鳥」——把頭埋進沙子裡，不看、不聽、不想，失去了工作熱忱。

與顧客打交道也一樣，不少人在表情、語音聲調上「假裝」對顧客有禮與關心，其實內心卻非常厭煩，只覺得顧客很挑剔、苛求。雖然仍能夠為顧客服務，卻無法放進「真心」。工作上接觸到其他人亦是如此，不關心上司、同事在想什麼或做什麼，在缺乏工作熱忱及失去同理心之下，就形成惡性循環：愈沒有工作熱忱就愈無法發揮同理心，愈沒有同理心就愈無法展現工作熱忱。

如何保持熱情不熄？

屈臣氏政大店、負責化妝品專櫃的蘇佳瑤（高詩琴，2011），在短短三年內，業績就成長了兩倍，且一直保持每個月五十萬的佳績。她成功的關鍵就是「熱情」，顧客因而信賴及喜歡她、把她當成朋友。她的服務熱情讓顧客賓至如歸，櫃前總是門庭若市。客人要求試擦，她立即拿出保養品；客人不會畫眼線，她立刻起身示範。顧客中有學生、周邊商家、貴氣媽媽，每人的預算、品味及需求都不同，她一律熱情歡迎並耐心傾聽；即使過了下班時間，若客人想買保養品，她也會特別留下來服務。她常寄小卡片、簡訊關懷顧客，希望與顧客維持長久的關係。

如何使工作熱情保持不熄？如果被潑了冷水，如何重振士氣？某次，我為一群高中職老師主持工作坊，結束時他們的心得如下：

淑俐老師看待事情的態度是樂觀、正向、積極的，這給了我很大的啟發。以往碰到較不理性的家長、不太受教的學生，就覺得痛苦萬分；若能改變自己的處世態度，就能有不一樣的心情，在教學工作上才能持續保有動力。

多年的教職生涯，本來以為只有自己會遇到的挫折，經過淑俐老師的分享，才慶幸自己長久的堅持得到了認同，自己並非食古不化，這讓我重新充電了。

不少老師因少數學生或家長曾令他感到挫敗（花了許多時間，卻沒有成效），於是對教育工作倦勤。但不要忘了，還有更多孩子因為你的關心而改變了人生。所以不要因為少數人或短暫的挫敗，打擊或削弱了教學熱忱、影響教學品質。例如二〇〇三年上映的電影《天之驕子》(*The Emperor's Club*)：

杭德老師極具教育熱忱，他認為老師的使命不只是傳授書本知識，更要培養學生正確的做人處事態度。某一年，班上來了一位不受教的轉學生塞卓，仗著父親是參議員，經常率眾惡作劇。但杭德老師仍不斷鼓勵他，希望將他導回正途，並將自己中學時代的課本借給塞卓，希望他爭取學校每年一次的凱薩獎大賽（須成績前三名才能參加）。

基於導正塞卓的決心與愛心，也看到塞卓在準備過程中的付出和努力，到了決定比賽人選時，杭德老師甚至私下調整分數，讓排名第四的塞卓，取代原本成績為第三名的馬丁。

沒想到，凱薩獎大賽時，塞卓為了求勝而不惜作弊。杭德老師對塞卓的舉動非常傷心，無法放任學生繼續錯下去；在最後一刻，負責出題的杭德老師更改了題目，使塞卓輸了比賽，而塞卓也又回復桀傲不馴的狀況。杭德老師對於無法將塞卓導回正途，自認是教育生涯的一大挫敗。

二十五年後，塞卓事業有成，因故邀請當年全班同學共聚一堂。塞卓希望再辦一次凱薩獎比賽，但再度因為作弊而與杭德老師重啟裂痕。杭德老師找到機會給塞卓上最後一課，他說：「每個人在一生當中，都必須面對真正的自我；你所面對的自我沒有品行道德，也毫無原則可言，我很可憐你！」塞卓回答：「老實說，誰在乎啊？看看你，你有什麼成就？我活在現實世界，人們為達目的不擇手段，就算是作弊說謊也無所謂。」終究，杭德老師仍無法改變塞卓。

藉著重逢，杭德老師也為當年竄改分數向馬丁認錯及道歉。第二天早上，杭德老師發現所有學生都走了，他以為是學生知道真相，不能原諒他。其實學生躲了起來，為他安排一個「驚喜」。他們頒給他一塊匾額，上面寫著：

偉大的教師沒有豐功偉業，但他們影響學子的一生，這些良師是

學校的精神支柱，他們比磐石或棟樑更重要，他們將本著有教無類的精神，繼續作育英才。

印度電影《三個傻瓜》(*3 Idiots*) 當中有不少令人省思的佳言妙語，十分正向、有活力。如片中主角藍丘 (Rancho) 常說：「一切都好。」他是真正為了興趣而學習及工作，他認為：

> 把你的熱情所在變成你的工作，那麼工作就會變成遊戲。追求卓越，成功就會找上門。

該片傳達了一個很重要的理念：學習不只為了未來鋪路，如果能秉持興趣及熱忱，不管做什麼都能成功！片中的法罕 (Farhan) 若順著父親的意願成為工程師，再努力也不過是個平庸之輩；畢業前，他終於鼓起勇氣與父母溝通，想做自己熱愛的工作——自然生態攝影師。他告訴父母：「錢可以賺少一點，房子可以買小一點，車子可以開小一點，但我會很快樂！」

第三位主角拉朱 (Raju)，他代表的是千千萬萬的印度窮人，他們憑自己的力量往上爬，卻不時迷失方向。幸好最後拉朱終能自我肯定，憑著自信與能力，爭取到發揮自我的機會。片中還提醒我們：

心是很脆弱的，要記得時常安撫它。
只需要一點點勇氣，就可以讓生命轉彎。

孔子說：「知之者，不如好之者。好之者，不如樂之者」（《論語・雍也篇》）。懂得把工作做好，是一件好事；喜歡自己的工作，則是件真正的好事。當你樂於工作、把它當成志業時，人生的每一刻就都充滿著幸福。孔子形容自己：「其為人也，發憤忘食，樂以忘憂，不知老之將至云爾」（《論語・述而篇》）。從讀書求知當中，孔子獲得極大的樂趣，不僅忘了吃飯、忘了憂愁，也忘了自己年老的事實。

熱情是職場溝通的根本動力

不少社會新鮮人畢業即失業，待業期常超過半年，對於此種現象，公益平臺文化基金會董事長嚴長壽，應邀到教育部部務會議演講「我的臺灣想像」(2012)時，批評現今的年輕人缺乏熱忱和使命感，嫌薪水低而選擇待業。他認為，如果用傲慢的心態找工作，當然找不到。這是臺灣教育內容出了問題，只教讀書和考試，不教做事和做人，才讓年輕人不會主動學習，也忘了謙卑。

嚴長壽說，如果自己剛從大學畢業、一下子找不到工作，就會積極地去律師事務所或大型公司當小弟或送貨員，增加自己的能力以及被人看見的機會。而今臺灣的年輕人缺乏使命感，不在意自己能否做出對國家社會有幫助的事，這是長久以來填鴨式教育的問題。老師要承認自己有不懂的地方，與學生一起發掘問題和尋找答案，如此才能啟發學生的能力。

導演魏德聖曾形容自己（沈育如，2011）：

> 熱血每天都被澆熄，拍片過程已處在絕境，但沒有退路，只能一步步往前走，不能回頭！

他應中國科技大學之邀，與四百多名傳播科系學生分享拍片經驗時說，自己非科班出身，剛入行就發現這個環境不是他想要的，「不到一星期就想走人！」後來遇到導演楊德昌，從他身上發現拍電影還有可能性，於是想「再撐幾年，遇到好劇本拍完再走」。現在有了《海角七號》、《賽德克·巴萊》等作品，想要抽身已經「回不去了」。

一九七〇年出生的吳寶春，十五歲就從屏東老家到臺北當麵包學徒。二〇〇五年組隊參加號稱麵包界奧林匹克的「勒斯福麵包大賽」獲亞洲區冠軍、二〇〇八年獲世界盃銀牌、二〇一〇年奪得「世界麵包大師賽」冠軍。他對於麵包的熱情，可由其著作《吳寶春的味覺悸動》充分感受(2010)：

我做麵包時會跟麵團講話，捧著它、撫摸它，好像拍拍小嬰兒的臉頰和屁股，跟它說：「要好好長大！」在等待發酵的過程中滿懷期待，**這種愛就是對於做麵包的專注，沒有這份愛就不會懂得真正地「做麵包」**。

但吳寶春也不免慨歎：「很遺憾，臺灣的麵包師傅常常缺乏這份絕不放棄的熱情。」

如果熱情難以延續

看到上述成功者對自己的工作能一直保有熱情，對你有何啟發？是否要重新、慎重思索下列問題：

就業的選擇，必然要與大學畢業科系有關嗎？

若從事的工作與畢業科系無關，就是「學非所用」或比不過本科出身嗎？

如果發現自己未來或目前從事的工作，無法激發內在熱情，還要勉強下去嗎？

要「知福惜福」而不要隨便換工作嗎？

其實上述徬徨，許多人都經歷過。當不滿意目前的工作或職業倦怠時，不要急著辭職、轉行，可以先試試下列方法：

1. 改變工作態度、尋找工作意義、自我激勵等，調整自己的負面情緒。
2. 積極藉由時間管理的技巧，紓解工作壓力、提高工作效率、累積工作成就感。
3. 找其他有經驗、有智慧的人談談，請他們指點迷津。

感到職業倦怠，不一定是真的討厭或不適合這份工作，有時恰好相反。正因為你對工作充滿目標、能力也足夠，可能在「能者多勞」的自我及他人期待之下，承擔了太多事情。因為擔心做不完、做不好而消耗過多能量，弄得自己筋疲力竭。

工作上遇到逆境，容易打擊熱情。逆境若來自業績下滑，則要轉換心境，視挫敗為「禮物」，將心態徹底轉變為「感謝」，否則無法突破困境，只會愈來愈苦悶。逆境若來自人際失和、受到他人的反抗及抵制，更要「勇敢面對」。「面對」是指設法解決人際衝突，否則問題只會惡化；「勇敢」則因我們通常害怕或不想面對曾與我發生衝突的人（包含明顯與潛在衝突），所以才要鼓起勇氣「向前行」，主動找對方化解誤會。

改變工作態度的方法如：保持笑容、有精神地說話、在辦公桌上放一面鏡子自我檢視等。運用各種方法提醒自己，要多表現積極快樂的工作情緒，並且要多多讚美別人，提振別人的工作士氣。當你能使別人的心情變好，自己也會成為受歡迎的人，心情自然跟著變好。

如果你已努力調適，仍無法說服自己、不能轉換心情，則可以「暫停一下」，請個假、好好想一想，包括請教了解你及具有獨特見解的人，參考他們的做法。我認識一些朋友，在遇到失去工作熱情的困境時，有的人去旅行、打工遊學，趁此機會重新思考自己的人生道路；有的人轉行，包括重新進修、學習第二專長；有的人毅然放棄人人稱羨的公職、高薪、高階的工作，只因終於發現真正喜歡的工作（即使薪水及社會地位不高）。一般人佩服他們的勇氣，我倒覺得更該羨慕他們掌握的幸福。

同理心的困難

民國一〇一年暑假，我因左腳骨折，打石膏一個半月（之後還拄拐杖走了一個月），因而較能體會「殘障」之苦，進而體會「受苦」的心情。不是有了拐杖、輪椅、無障礙空間，就表示已解決殘障者的問題。不論是先天或後天的身心障礙，他們跟我們一樣生而平等，只是有些許欠缺；只要得到協助（而非同情），也有權利及能力享有美好的生活。其實每個人都有需要別人幫忙的地方，只是正常人的「殘缺與障礙」不那麼顯而易見，所以不要「五十步笑百步」，不經意地歧視別人。

將心比心、感同身受的同理心，比想像中困難許多。學校常安排「身心障礙體驗活動」，要學生假裝成盲人、聽損、肢障等，設想身心障礙者的處境與需求。但一時的殘障體驗或聆聽身心障礙者的現身說法，都不足以深入人心。以我而言，若非自己「假性殘障」一段時間，也不會知道「少一隻腳」有多麼不便。

從前我還幫殘障者樂觀地想：「他還有一隻腳啊！」若是少了兩隻腳呢？我幫殘障者更堅強地想：「還可以使用拐杖和輪椅啊！」卻想不到剩下的那隻腳負荷有多重！以及使用拐杖時，若地上有水或道路不平就容易滑倒；坐輪椅也不是都能暢行無阻。我有時很自私地以為：「這世界也許不適合那些行動不便的少數人吧！」我選擇當個「鴕鳥」，逃避自己的罪惡感，懶得為別人多設想、謀福利，現在想來，真是慚愧不已。與殘障者一起共事相處，除了能了解他們的困難、給與真正所需的協助，更會發現他們有許多超越我們的地方而心生崇敬。

在我拄拐杖的期間，曾到恩主公醫院演講，美麗親切的秀琴督導說，她擔任骨科護理長時，一定要求每位護士親自練習使用拐杖，並且要將腳綁起來，才能體驗腳受傷的病人如何的不方便。新北市衛生局在二〇一二年首度舉辦「醫病關係體驗競賽」，邀請臺北醫療區網絡的醫院參加，以角色扮演方式，讓醫院主管體驗病人在院接受醫療的流程。主管們分別扮演骨折、獨居老人、聾啞病人等，真的接受打針、抽血、上石膏、躺在推床上等，體驗病人的疼痛、不便及恐懼焦慮，由此思考病人的心情與需求。

比較起來，師範教育的「同理心訓練」就不太足夠。我就讀臺灣師範大學時，並未具體練習如何體驗身心障礙者或學習困難學生及家長的心情，各科教學也未深入體會某些學習遲緩、甚至怎麼也學不會的學生的苦悶。

少數族群之所以被稱為「弱勢」，就是因為大多數人無法感受甚至忽略他們的痛苦與需求。幸好還有不少弱勢者（含家屬與支持者），會設法團結起來，公開向別人介紹自己、爭取應有的權益。即使有時方式較為激烈，或遭到偏見者的排斥，他們仍然勇敢表達、愈挫愈奮，實在令人敬佩。

從另外的角度思考，我國教育向來以學科成績定勝負，將學科成績低落者視為需要幫助對象（如教育部的「攜手計畫」）。其實，所謂「高材生」也有人際互動及抗壓性的問題，若以未來職場適應來看，可能更需要注意與協助。

職場所需的同理心

丹尼爾・高曼在《EQII：工作 EQ》一書中提及，「同理心」是指能覺察他人的情緒、需求和主動關切，包含：

1. 了解別人：察覺別人的感覺與看法，對別人在意的事情能主動關心。

2.服務取向：預期、認清並滿足別人的需求。

3.幫助別人發展：能察覺別人的發展需求，並支持他們。

4.善用多元化：透過不同的人來培養各種機會。

5.政治意識：解讀一個組織中的政治與社交氣氛。

前三項情緒智力是針對別人，從「敏察」他人的情緒開始，進而善於「傾聽」他人的心聲，最終成為真誠關心他人發展的教練。這些能力的培養要從放下或縮小自己開始，若心中充斥著自己的利益，就不可能了解及關心別人。主動傾聽、聽出超過對方字面上所說的內容，並以發問方式重述、確認了解無誤，這不僅是一個好的心理治療師的專業能力，也是擔任領袖的必備條件。

其實，作為一個好下屬亦然，如果不能察覺上司的情緒，在上司心情不好時報告壞消息，就是火上添油；若能敏察上司正在煩心及生氣，便能避免在節骨眼上與上司接觸（即使只是例行事務的報告）。等個至少十分鐘，待上司情緒較緩和之後，再與上司討論某些事情，結果可能完全不同。更貼心的下屬，還能為上司紓解壓力、分憂解勞。

如果我們還做不到高段數的同理心——準確知道對方的心意與需求，並協助他解決問題，至少要「開放門戶」，表示願意交談及傾聽，而不是自我防衛，讓人感覺難以親近。例如，最近愈來愈多的「低頭族」埋首在自己的手機螢幕上，有意無意傳遞出不想與人互動的訊息，使得人際疏離的現象已到無法忽視的地步。還有些沒有同理心的人，只顧自己說而要別人聽，卻不關心別人，也不願「浪費時間」聽別人說話。

職場的成員在年齡、階級、個人背景等方面，比起家人與朋友複雜得多，因為不能選擇及拒絕接觸，所以更須學習如何與各式各樣的人共事與相處。其實，多元、差異不僅是正常現象，更可以使人進步。不同的想法與工作方式，可以增廣自己的視野、胸襟與能力；不同的專長與經驗，可以截長補短、相得益彰。職場上能接納相互的差異性，大家就能愈變愈好。

若一味以自己的標準來衡量別人，別人與我不同時，就覺得不適應、格格不入，就容易產生人際紛爭與無謂的煩惱。差異性是很自然的事，就像有人喜歡吃辣、有人怕辣；有人喜麵食、有人無飯不樂。所以，麵食者不應勉強米食者吃麵，反之亦然。要能夠相互尊重，甚至「卑己以尊人」，才能相見歡。

職場的「政治意識」是指，能解讀團體的情緒暗潮和權力關係。職場中不免有競爭結盟和權力鬥爭，你可以保持適當距離、不加入任何結盟，卻不能毫不關心，以至搞錯方向或誤觸地雷。若不小心得罪了有決策權力的核心成員，或被誤以為是另一方的人馬、麻煩製造者，就會破壞某些必要的合作關係。另外，與同事相處不好，有時可能是過於自我表現及無意間炫耀自己，以致忽略他人的感受（如嫉妒、心酸與反感），造成情緒的暗潮。

職場同理心的困難在於，要包容及了解多樣的人，並且準確探測上司、同事、顧客的心意與需求。如果敏感性及接納度不足，就難以建立深入及良好的人際關係。「包容」是指接納差異性，對於別人某些不影響大局的偏好，不要介意及計較；「了解」則須透過對團隊成員更多的接觸、討論與協助，才能建立穩固的關係與默契，使彼此合作無間。只在辦公室及上班時間的接觸是不夠的，就像教師也需要與學生課後個別談話或進行輔導，職場上亦然，同仁之間也要建立非正式的關係、培養私人情誼。

熱戀中的人之所以幸福，就是因為對戀人發揮了最高的同理心，時時關心及滿足所愛的人的需求。反之，當你不喜歡某些工作夥伴或顧客，即因你不願意多了解他們、不想使他們快樂。所以，若想改善職場人際關係，當對方令你感到不耐煩時，要反過來站在對方立場想想，並設法將彼此的關係從負向轉為正向，例如：

上司生氣，表示他對我還有期望，覺得我可以把事情做得更好。

顧客的生氣或抱怨，表示他相信公司重視他的權益、會立即改進，使彼此的關係更穩固。

同事對我不滿，表示他希望我能改正某些缺點，以增進彼此的合作與績效。

真實作業與成長

1. 電影《三個傻瓜》裡的這句話：「把你的熱情所在變成你的工作，那麼工作就會變成遊戲」，你的感觸如何？與你目前狀況的吻合度如何？為什麼？
2. 以一個類似「腳骨折而坐輪椅、拄拐杖」，因而較能理解殘障者心理的「同理心」經驗為練習，探討同理心的困難與原因，及應如何增進同理心？

第8堂

職場倫理與團隊合作

到貨的數量不對啊！（怒吼）
不好意思，我們馬上為您處理！
可是數量明明檢查過了啊！
沒關係，我立刻確認是發貨的哪個環節有問題……
那我去準備對客戶的補償！
禮貌、冷靜&團隊合作

「倫理」是指人際間互動的規範。每個人都同時扮演好幾種角色，善盡各角色的本分就是倫理。中國傳統儒家思想之「五倫」，即每個人扮演的五種角色。如《中庸・第二十章》：

君臣也，父子也，夫婦也，昆弟也，朋友之交也：五者，天下之達道也。

善盡角色本分的方式，即「十義」。如《禮記・禮運篇》：

父慈、子孝、兄良、弟弟、夫義、婦聽、長惠、幼順、君仁、臣忠十者，謂之人義。

五倫也是為政的重心，如《論語・顏淵篇》：

君君，臣臣，父父，子子。

所以孟子說要「教以人倫」（《孟子・滕文公上》）：

父子有親、君臣有義、夫婦有別、長幼有序、朋友有信。

職場倫理

聖嚴法師感受到舊的倫理觀念和價值已遭漠視，社會充斥各種亂象，人與人之間缺少尊重，個人也缺乏自重，以致每個人所扮演的角色模糊，責任感與本分心都變得淡薄。所以在二〇〇六年，他提倡「心六倫」運動。「心」是指良心，「六倫」是指：家庭倫理、生活倫理、校園倫理、自然倫理、職場倫理、族群倫理。誠心誠意地實踐這六種倫理的觀念和道德，就叫作「心六倫」。

聖嚴法師除了整合五倫之外，還新增校園、自然和職場等新的倫理面向。在職場倫理的部分，聖嚴法師認為，職場關係可分為投資者、員工與顧客三方面，這些人在職場上產生的互動關係，便是職場倫理。健全的職場倫理是任何一方都要盡心盡力完成工作，創造企業利潤，以最好的產品回饋給社會大眾。如果企業負責人一心只想賺錢、欺壓員工，而員工只貪圖一份薪水，工作時偷雞摸狗，或者用欺騙的手段來榨取顧客的利益，這些都與職場倫理背道而馳。

職場倫理中，投資者、員工和顧客三者之間，是一種互助的社會關係，更可說是一個共同體，彼此的利益都需要兼顧，不能只維護單方的利益。職場倫理是一種相互關心、互助合作的關係，各部門之間應該互通有無、彼此支援、和睦協調，上下之間暢通無礙。如果每個人都能無私奉獻、克盡本分，工作就會非常順暢愉快。如果大家只是計較、攻擊、批判，彼此的力量就會分散、抵消，部門愈多愈不容易團結，員工在公司任職愈久也愈痛苦。

沒有職場倫理觀念的人，不會受到歡迎，對公司、社會也不會有貢獻。不重視職場倫理的員工，不容易找到穩定的工作，因為他們一到新的職場，就把職場關係弄得很複雜，所以每個職場都待不久。

職場倫理包含忠誠、敬業、注意人際關係三部分，一個好員工首要應尊重公司的價值觀、清楚及認同公司的企業文化或核心價值，這就是「忠誠度」。將自己的未來與公司的發展相融合，且有專業的表現、追求卓越，這就是「敬業」。在「人際關係」部分，則要做到：

1. 維護受雇企業之良好形象

當你穿著公司制服或以機構名義出席某些會議或活動時，言行舉止就代表團隊，一定要小心維護企業形象。例如：隨時熱心地提供協助、笑容可掬，為企業做好「公共關係」。

2. 遵守企業規範、服從領導

要遵從受雇企業的規範，尊重領導者的職權。除了盡到身為幕僚應有的責任外，還要願意主動做事、不怕多做事，才是主管的得力助手，是公司值得栽培的人才。

3. 多尊重及請教前輩

不論年齡、年資、學歷、職級、經驗等方面超過我們的前輩，若願意教導我們，就是貴人。但我們得先放低身段，讓別人看到我們的學習意願及行動。有別人的提醒及指導，就可避免不必要的犯錯或多走的冤枉路。

4. 樂於配合及協助同事

不要嫉妒同事、不要孤芳自賞、不要斤斤計較、不要推卸責任。每天為自己、也為工作夥伴加油，分享工作的樂趣，而不只是互丟情緒垃圾。與同事的關係是一體的，最好能主動伸出援手、關心對方，至少也能依制度而相互配合。

5. 懂得自我檢討及認錯

工作出錯時，很多人習慣將責任推給別人以保護自己；或不追究自己犯錯的原因，反而怪東怪西、找一堆藉口來逃避責任。其實，失敗或犯錯並不可恥，能夠自我反省、勇於承擔責任，才能在錯誤中記取教訓、求取進步。

學習與顧客溝通，永不嫌晚

顧客是我們服務的對象，「顧客至上」並非顧客無理取鬧仍要屈就，而是以人為本，真誠地關心顧客，以維護顧客最大權益為工作的最主要考量。

1. 禮貌第一

職場上，與上司、工作夥伴的溝通，即使彼此已非常熟悉、相互了解，仍不可失去說話的分寸。面對顧客時更要小心，有些企業會有面對顧客的「儀式」，最常見的是在超商、門市、櫃檯、餐旅業、服務臺等；要主動與顧客打招呼、微笑、鞠躬（甚至九十度鞠躬）、詢問需求……，其餘的職場應對也都要留意。總之，「禮多人不怪」、「伸手不打笑臉人」，該說的才說，不懂或不確定的事情不亂說——「知之為知之，不知為不知，是知也。」

2.專心聆聽

顧客說話時要專心聆聽，並快速掌握要點，必要時簡要複述及回應；絕不可漫不經心，讓顧客以為你不尊重他，或擔心你並不在意或了解他的真正需求，以致產生不必要的誤會。有些顧客會因此又重複對另一工作人員提出同樣的要求，浪費了顧客及工作人員雙方的時間。

3.積極回應

為客戶著想，如期完成所託，才能建立信賴及持續的關係。要積極回應客戶的要求，如立即處理或盡快將結果回電告知；一旦拖延或等顧客來催促時，即使結果再好，都會在顧客心中造成疑慮，影響後續的合作關係。

4.冷靜應對

面對客訴或抱怨時，要盡速處理；即使顧客很不禮貌或冤枉了你，仍要冷靜應對，萬萬不可控制不住情緒而有不當言行。實在處理不了，應向主管報告、請求支援，千萬不可與顧客爭論，尤其是出言譏諷、懷疑顧客的動機，甚至施以肢體暴力，否則後果將難以收拾，個人及企業均將蒙受損失。

5. 主動服務

要能主動為客戶設想，及時或提早提供服務，讓顧客「驚喜」，感到「物超所值」。「多為顧客著想」是工作的本分，更是工作的精髓及創意所在。

臺灣「經營之神」王永慶成功的開始，即在最初開米店時，能記住顧客家中的人口數、吃米的習性、多久會吃完等，在顧客準備叫米之前，即已送米到府。除了省去顧客叫米的麻煩、等米下鍋的焦慮之外，日後顧客基於「信任」及「便利」，便樂於接受你的服務而成為常客。

6. 過猶不及

有些工作要直接面對顧客，如何拿捏與顧客的進退應對就更加重要；太積極會嚇跑顧客，太消極會失去顧客。所以還是應以真誠的態度，為顧客設想及服務。何況，日久見人心，當你贏得顧客的信任後，生意就穩住了。

團隊合作

為什麼需要團隊？為什麼要與團隊一起工作？求學時，有些課程的分組作業，從找組員、選組長、訂主題、分工、驗收、發表……，都是團隊合作的歷程。從小我們玩遊戲，就不能缺乏「玩伴」；逐漸長大，更需要有自己的「友誼圈」。

丹尼爾‧高曼在《EQII：工作EQ》中提出的第五種情緒智力為「社交技巧」，即包括團隊工作的技巧，如：培養有益的人際關係（建立連結）、能與他人合作以達共同目標（分工合作）、創造團隊的相乘力量（團隊能力）。

書中提出證據指出，百分之九十七的情形，團體得分高於最佳個人得分；當團體以最佳狀態運作時，發揮出來的效益不只是相加，而是相乘。因為，一個人的最佳稟賦觸發了另一個人，然後再傳至另一人，效益變得愈來愈大；反之，拙於社交、無法調合他人情緒的人，即使很聰明也只是拼命三郎，而且常因聰明者太過主控或好支配，使得其他成員無法充分貢獻。

上述「工作EQ」的研究結論與觀點，是否似曾相識？你的團隊中是否有這種「低工作EQ」者?不論他是否為領袖，都減損了團隊的力量。這樣的人不會承認自己拙於社交，只覺得是自己不想與人太親近；除了擔心別人可能欺騙及傷害自己之外，也不想付出太多時間給團隊。除非團隊運作的方式及開會時間能配合自己，否則就不參與團隊事務與活動。若你自己也曾說：「跟小組成員一起做，不如我一個人做！」這問題出在哪兒呢？

要提高「工作EQ」，就得學習下列事項：

1. 減少個人的自我意識，以團體共識為核心

團隊精神中最重要的是減少個人的自我意識，以團體共識作為奮鬥目標。身為員工，要支持公司的決策，尊重每一位同事的專業；身為企業負責人，要跟員工分享獲利，讓每位員工成為彼此關懷的一家人。如此，員工對企業才會有向心力，樂意將熱情發揮在提升工作品質上。因為他們了解，團體利益就是個人利益，個人努力也創造了團體利益。反之，若個人不努力，則同時損傷團體利益及個人利益。

2. 要配合團體作業，主動貢獻一己的心力

要了解別人在做什麼，培養與團體成員間的默契。不要覺得別人聽不懂自己的話就代表愚笨，聽不進自己的建議就是落伍；儘管你是對的，這種隨意批評及嘲笑別人的態度，只會讓人更不想與你共事。例如，上司若隨意批評嘲笑下屬，下屬因為不敢反抗，只好消極配合而不再提出任何建議，以免自取其辱。

有不同的想法時，應以理性的態度提出建議，而且最後仍要尊重及遵行團體的決議。不能只顧自己的目標，而犧牲團體的目標。

3. 能有效協商、解決衝突

就像球隊、合唱團、辯論隊、電影電視的製作團隊一樣，一個工作單位就是一個任務團隊。團隊合作的精神及能力是指能融入團隊、與人和諧相處，並能有效溝通協調。與人搭檔時，能使任務完成到最好的地步；成員間意見不合時，要能有效協商、解決衝突。最容易與團隊起衝突的人，通常就是不在意別人怎麼想，只堅持自認最好做法的人。他們不顧慮其他成員的情緒或對自己的評價，當然也忽略自己對別人造成多大的困擾。

4. 多參與團體活動、多與別人一起辦活動

職場上很少能單獨作業，即使可以，也要避免變得「孤僻」；基本的與人打招呼、問候及寒暄絕不可少，還要多參與正式與非正式的團體活動。平時多培養人際關係、多與人來往、多向人請教與討論、多關心與協助別人，一旦自己需要幫助時，別人自然樂意伸出援手。

5. 經營人脈

「建立連結」就是經營人脈的技巧。人脈是個人的資產，人脈不只是私人的友誼圈，工作中也可以發展友誼、甚至是更深刻的情誼，建立默契與信任，使工作相得益彰、事半功倍、勝任愉快。太被動、人際圈太狹小，或誤以為建立人脈浪費時間的人（過於在意自己，拒絕幫助別人或與人分工合作），人脈的建立就很困難。有些「樂於助人」的人，其實是不敢拒絕別人，表面看來人脈很廣，卻妨礙自己分內工作的完成，所以還是要懂得拿捏及選擇人脈。

人脈智商

美國經理人網絡公司執行長暨《NQ人脈投資法則》(2008)一書作者麥可・度沃斯(Michael Dulworth)提出「人脈智商」(Networking Quotient, NQ)的觀念，認為人脈應包括下列三種：

1. 個人人脈：由親人、朋友、人生導師等與你有私人情誼的人組成。
2. 專業人脈：指工作上接觸到的人。
3. 虛擬人脈：指透過網際網路或其他非面對面形式而互動與認識的人。

麥可・度沃斯編製了簡易的「人脈智商測驗」，包括「人脈範圍與優勢」及「人脈活動積極度」兩部分，前者為人脈數量、人脈關係強度、人脈多元化程度、人脈整體品質；後者則包括建立人脈的積極主動程度、增加人脈新成員、幫助你的人脈、維持你的人脈。由此項測驗，可得到下列啟發：

1. 人脈並非只有知心好友

如果只有知心好友，則人脈過於單薄。所以要積極增加工作上認識的「專業人脈」，以及其他非面對面接觸的「虛擬人脈」（如經由電話及網路）。許多人把「人」當成工作的程序之一，工作結束則人際關係也跟著結束，十分可惜！

2. 增進人脈的交情深度

真正的人脈不只是「認識的人」，而要與人更加親密，也就是類似親朋好友的「個人人脈」。即使是「專業人脈」及「虛擬人脈」，也應設法建立有如個人人脈的情誼（經常交談），進而發展為「親密關係」（有默契、能相挺）。

3. 人脈應擴及不同產業、背景及興趣

一般的人脈大都侷限在自己的工作產業（同行），或個人背景因素（同學、同鄉），因為觀念最接近、互動也最方便。久之，視野容易窄化，不利於個人進步與突破；多結交不同行業、背景及興趣的人脈，如同開啟許多「視窗」，經常能腦力激盪及文化衝擊，有困難時也有相應的朋友可以諮詢，以免人生走錯路或走冤枉路。

我在擔任學生輔導中心主任時，曾被學生控告公然誹謗，剛開始覺得很震驚，不明白從事心理輔導工作竟會惹禍上身？當我諮詢了我的律師學生，馬上

因他的專業意見而寬心許多。他說：

王老師，恭喜你！從此你的人生變成彩色。要記得，被告不一定是壞人，上法院不一定是壞事。而且你情願他告你，交由法官來公正裁決；也不願他暗地報復，傷害你或家人吧！請放心！好好準備資料上法庭，配合法官的詢問作答就可以了。你一定無罪的！不用表現得太好！這不是上課。

4. 多結交傑出及「潛力股」的朋友

如果有機會接觸各領域的傑出人物，要把握而與之建立交情；對於目前雖未成功，但積極、有獨特及前瞻性看法的「潛力股」朋友，也要好好珍惜。你的人脈如何，也象徵你個人的素質。若你是學生，則多結交社團幹部、多才多藝及積極進取的人；若你是上班族，則多結交具有工作熱情及不斷學習的人；若你已工作十年以上，你的朋友就應是各領域已嶄露頭角、逐漸成為頂級人物的人。至於本身人脈網很廣闊的人，也是值得保持聯繫的對象，因為，透過他就可以認識其他更多領域的人。

5.要接著「後續聯絡」

第一次見面之後，一般人都因彼此缺乏互動或不再聯絡，以致人際關係瓦解。若能接著後續聯絡，每隔一段時間再聯繫，就能保持熟悉度。盡量定期與他人親自會面，才能深入交流；對於未接來電的電話，要立刻回電；收到的電子郵件，要儘快回覆（不要超過兩天）。這些都是維持人脈的基本功。

6.要經常增加新人脈

固定交友圈的結果，雖然省時省事，但朋友會愈來愈少，與人的距離會愈來愈遠。建立及維持人脈需要時間，如果你捨不得「浪費時間」，人脈自然無法拓展。有學生曾對此分享了自己的經驗：

這是我從未曾有過的想法，因為我總是很怕麻煩，很懶得跟朋友見面，久而久之，會聯絡的朋友就愈來愈少。好幾年沒見面的同學邀約也都不參與，因為把它當作無聊的應酬。如今勉勵自己參加同學會，很久沒見面的同學，確實能讓人有很多不同的感受。聊天的過程中，也能得到許多不同的資訊。

許多擁有穩定工作的人（如教師、公務人員、研究員等），容易安於「自給自足」的生活，對於人脈沒有迫切的需求。這樣的生活固然不錯，但若能加強人脈，工作及生活將更有活力，對社會也會更有貢獻，不至於陷溺在某些人際問題或「小圈圈」，而影響自己的工作效率與士氣。

7.經常幫助你的人脈

力挺及關心你的朋友，才是人脈真正的意義。一般人誤以為要「利用」人脈，使自己萬事亨通，所以不少人「動用關係」以享受特權，甚至從事不法的行為。正確的觀念是，人脈是我們必須定期聯絡、關心、幫助的人；你幫助愈多的人，才是你的人脈。

對於大多數年輕、事業正起步的人來說，人脈很重要；即使不夠熟悉的人，也可設法納入人脈。如大學裡的老師、學長姐、校友，工作上的前輩、成功人士等，設法多聯繫、多請教，必能得到許多寶貴的建議。但要小心，不要急於把人脈變成客戶，以免引起對方的防衛而躲避你。

作家王文華很肯定人脈的重要。他的第一份工作，是到美國知名的廣告公司實習。當時他在史丹佛大學念碩士，要找實習工作時，他先去學校圖書館找來五、六十本校友名冊，花了三、四個星期讀完，列出二十多人的名單，然後一一寫信給這些學長姐求職。惟一回信的學長就是在廣告公司擔任總經理的重量級人士，他邀請王文華到洛杉磯面試，結果如願獲得這份非常好的實習工作。

廣結人脈

對於人脈的廣度，我曾對學生說：

讓自己有各式各樣類型的朋友，而且每一個類型的朋友至少五個以上，在你需要諮詢或求助時，才能獲得力量。

要建立及增加人脈，基本方法包括：勤打招呼、與人主動聯繫與深度交流、善於讚美及關懷別人、笑容滿面、聲音好聽、應對得體、注重服裝儀容、樂於助人、虛心求教、誠心感謝……。更好的技巧則在設法維繫及增進與人脈的深度，如：更長時間的相聚，經常以卡片、小禮物表心意及持續關係，尤其當對方有困難時，伸出溫暖的雙手。

另外，參加活動也是增加人脈的良機。許多人把參加活動當成不得已的應酬，若能改變心態及做法，其實是廣結人脈的自然方式，例如：

1. 參加活動前設法取得出席者名單

尋找活動中可以結交的人脈，如了解賓客的背景、目前事業的重心，以及近期的計畫與活動等。如果有不會唸的名字，先查字典。

2. 活動當天的穿著打扮必須專業

入場前先去盥洗室對著鏡子徹底檢查自己的儀態，包括頭髮、牙齒、鈕扣、拉鍊、妝容……，若洗手則應把手完全擦乾。名牌別在右肩前面，方便別人和我們握手時可以看見。出席前先吃一點東西，因為參與聚會不是為了吃東西，而是要盡可能地拓展人脈。

3. 表現出開放、隨和的樣子

言談舉止應散發活力和熱情，和每個人聊個三、五分鐘才離開，告別時應該坦誠說明自己的動向。活動中見到的人愈多愈好，讓人覺得自己專注且專業。活動結束時，要找到主人並感謝他邀請我們參加。

4. 活動後盡快和每一個見過的人做後續聯繫

包括謝謝他們花時間和我們談話，讓他們知道我們很珍惜這次的交談，並表示希望和他們保持聯繫。聯繫的方式以使用電子郵件最為快速簡便，電話致意也很適當，另外也可詢問對方有什麼自己幫得上忙的地方。若能以親筆的短箋或卡片表示感謝，將令人印象深刻，也顯得自己與眾不同。

5. 將蒐集的名片在背面做些註記

這樣可避免忘掉重要的細節，以免影響後續的追蹤聯繫。我們常感覺自己的名片發出後如石沉大海，此時即要思考自己是否濫發名片。同樣地，也要自問是否隨便拿了別人的名片，事後隨意棄置，根本沒打算再做聯繫，這些都辜負了名片的意涵與效用。

真實作業與成長

1. 以一個自己「團隊合作」的經驗為練習，是否合作愉快？原因為何？當有人不肯付出時，團隊領袖如何處理？其他成員的反應為何？

2. 你的人脈廣度及深度如何？在經營人脈這部分，你覺得自己還該努力或精益求精之處為何？

第9堂

領袖非天生——上司、下屬「雙贏」的溝通

經理，請您把這份企劃再說明一次。因為我不只想把它做完，還想做好！而且還想再提供新想法……
難得遇到上進的年輕人啊！還能主動幫我分憂解勞……
經理心情真好！？
是中獎了嗎！？

如果遇到上司交辦的任務過於困難，此時該做什麼？拒絕上司或苦著臉去做？其實，應該先思考的是：

1. 上司的「意圖」為何？再設想自己是否應使命必達？還是先嘗試看看、遇到困難再說？
2. 自己的「狀況」為何？是真的做不來（時間或能力不足）？還是不願意（跟上司關係不好）、提不起勁（壓力好大）？
3. 勉強去做是否有被壓榨的感覺，因而更不喜歡主管或工作？
4. 拒絕的後果可能為何？主管是否會對我產生不負責任、不肯學習、能力不夠等負面印象，進而影響日後的合作關係及個人升遷？

所以，別急著拒絕！先了解上司的期待與難處，並藉此讓上司也了解自己的困境。若一定要拒絕，為避免上司誤解自己不肯為其分憂解勞、能力太差、不積極……，除了清楚說明原因之外，也應代為尋找適當人選，並且表示自己還是可以做一些，或下次一定幫忙。

總之，不要只想著拒絕，而不顧上司或團隊的狀況，尤其拒絕上司時（有時根本不容拒絕），更要講究說話技巧與維護職場倫理。同理，上司想要推動某些政策時，若尚未形成共識、激發下屬的意願，則一味強迫的結果，下屬只會陽奉陰違、敷衍了事，最後，雙方都會誤解對方為「壞人」，以及產生事倍功半的無力感。

培養領袖的氣度

職場溝通最困難的部分，一般人認為是「下屬面對上司」以及「遇到難纏的顧客」。但以我多年的親身經驗與觀察，其實是「領導者如何帶領團隊、建立共識，使大家同心協力達成團體目標」。領袖的頭號挑戰是，讓所有成員一起演出、分工合作，而且勝任愉快。領袖必須跟團隊的每一個人有效溝通，不論對方的個性如何、多麼難以相處，儘管自己有些厭煩，還是得包容某些類型的下屬，並與之持續溝通。

想擔任領袖不一定很難，因為「上臺靠機會」；但要成為好領袖，就勢必會經歷許多艱難（可能多做多錯）；一旦與下屬或同仁發生隱性的溝通不良或顯性的溝通衝突，日子就加倍難熬。

1. 現代領袖要能「運籌帷幄、躬先表率」

現代領袖已非昔日的「官員」——由別人抬轎、自己高高在上。不能只看別人做事，而自己坐享其成；要思慮周延，想到所有該做的事，而且帶頭去做。這並非事必躬親或全靠一己之力（只是低層次的領導），而是要負起運籌、指揮、調度之責，知道要做什麼以及怎麼做好，將事情分配給下屬，再依其能力指導、監督或放手，讓他們有表現機會及產生榮譽心、成就感。如《孫子兵法》所說：「下君盡己能，中君盡人力，上君盡人智。」所以，最好的領袖是能不斷激勵及欣賞、開發下屬的潛能，能運用集體智慧，共同完成任務。

2. 現代領袖要能不計個人榮辱

領袖難免會遭遇到各種攻擊、責怪、誤解甚至污衊，包括匿名信及背後放冷箭，所以須培養包容力，使心量更寬大、自我更縮小。聽到批評或反對意見時，首要之務必須冷靜及忍耐，才可能傾聽，下屬才敢於表達；而非自覺主管尊嚴受損，急於自我維護與防衛，反而可能情緒化地對下屬壓制或反擊，造成雙方更不愉快及隔閡日深。

領袖對於好消息、壞消息都要接受，焦點要放在困難及問題上，而非自己的心情。此外，要「直接」去解決問題，不要浪費精力在次要的事情，否則自己心情鬱悶，也無助於團隊合作與任務達成。情緒雖是正常反應，但難過一個晚上就好，還是要繼續做好稱職的領袖角色。

3. 現代領袖要能將情緒與問題分離

遇到問題時，不要自責或誇大，如果感到頭痛、胃痛、失眠、吃不下，就是已讓問題影響到自己的身心狀況，要敏銳地察覺並立即喊停，因為這除了會嚴重影響自己的健康及個人生活，也會破壞組織氣氛與工作士氣。

擔任主管後，要更注重情緒的調節，所以，休閒、運動等有助紓解壓力的活動絕不可少。要掌控好自己的情緒、增加幽默感、積極面對困難、忍受挫折、不輕易發怒等，才不會累積負面情緒，以致職業倦怠或健康亮起紅燈。

4. 現代領袖要有足夠的正面能量

領導者的心態若正面，所領導的團隊在工作情緒、工作滿意度、同仁互動、團隊績效等方面，都會比較理想。

唐諾．克里夫頓 (Donald O. Clifton) 被美國心理學協會譽為「天賦心理學之父、正向心理學的開山祖師」，他在與畢業於密西根大學心理學系的外孫湯姆．雷斯 (Tom Rath) 合著的《你的桶子有多滿？》(*How Full is Your Bucket?*) 一書中，提出了「水桶與杓子理論」：

每個人心裡都有一個無形的水桶和一把無形的杓子，當我們用杓子幫別人的水桶加水時，其實也是替自己的水桶加水，彼此都會增加正向情緒、感到愉悅；相反地，倘若我們用杓子去舀別人水桶裡的水，對彼此的情緒皆會帶來損害。所以，與他人的互動過程中，決定要為別人加水或舀水，連帶都會影響我們的心情與人際關係、身心健康。

書中附有「正向思考測驗」，可測試自己擁有多少能使自己及他人更正向的力量，如：

過去一天裡是否曾幫助、稱讚、關懷、安慰、激勵別人？
自己是否有禮貌、面帶微笑、與人親切地打招呼？
是否有多結交朋友、多與正向的人相處？

領袖要為自己「加水」，才有足夠的能量應付紛至沓來的煩擾與挑戰；另外也要為下屬「加水」，激勵他們從盡本分到追求卓越。上下之間擁有良好的合作關係，就能增加彼此的正面情緒；反之，溝通不良就等於同時舀掉對方及自己的水，有損正面情緒。

領袖的溝通能力還包括「激勵」或「催化」，好主管會激發下屬的想像力、適應力與創新力，這比薪水、獎金更能振作士氣。由心理學家馬斯洛 (Maslow) 提出的「需求層次論」可知，工作不只是為了生存及安全感，更高的層級還有尊重、愛與隸屬、自我實現、求知、審美等心理需求。

好主管會在問題發生前或可能惡化時，將問題提出來，讓大家集思廣益、找尋因應之策。好主管會激發成員的潛能、凝聚團體的向心力，預防問題發生或設定停損點。好主管不會隱瞞問題、盲目地樂觀，不會等到「火燒眉睫」了才來懊惱、指責及救火，使得大家都焦急及氣餒、浪費力氣。

5. 現代領袖要將人際衝突視為常態

衝突可能只是立場不同，領袖對於不同立場的意見，都應以欣賞、平和之心「微笑」接受。領袖要將「直接攻擊」——挑剔及公開反對，視為幫助反省與進步的貴人。下屬或顧客的不滿，可能是因為主管的職務表現不如他們預期，而非針對主管個人。要提醒自己戒慎恐懼、不要傲慢粗心。最好能主動求助、虛心受教，採取走動式溝通，多花時間與下屬直接交談。讓下屬有機會自然地提前說出疑惑與困難，避免「報喜不報憂」、不敢向上報告壞消息，或拖延至隱瞞不住、來不及挽救了才說。

對於「間接攻擊」——冷漠及消極抵制，應盡快及私下找到當事人「面對面」地溝通，以了解事情的真相，減低上下之間觀念及做法的落差，才能避免擴大變成破壞團隊合作的暗潮。

6. 現代領袖要培養凝聚「團隊向心力」之本事

為了營造溫馨、關懷、支持、讚賞、微笑、凝視、扶持等組織氣氛，領袖花在「做人」的時間應不比「做事」的時間少。這個意思並非指應重視「人際關係」超過「任務達成」，真正的好主管仍是「任務取向」的，只是藉由人際聯繫或團體凝聚力，更快達成團體及個別成員的目標。

所以同事之間不應僅止於工作接觸，還要定期有各式各樣增進情誼的活動，如：聚餐、慶生、慶功、下午茶、工作研討兼旅遊，以及家屬可一起參加的聯誼與摸彩活動、尾牙……。工作夥伴需要長期相處與配合，如能培養像家人般的情感，工作起來會更「清涼有勁」。

7.現代領袖要將「以德服人」、「帶人帶心」當作最高目標

人力銀行針對一千一百二十一名上班族調查發現（2012），在下屬心目中的好領袖中，最受肯定的是王品集團董事長戴勝益，其次是台積電董事長張忠謀、裕隆集團董事長嚴凱泰。戴勝益奪冠的主因是親民、願和員工共享利潤，股票上市時，還開放給工作滿一年的員工認購。張忠謀則因「加薪不裁員」、高度專業的領導方式，為人所推崇。至於嚴凱泰則是能突破家族企業的格局，勇於創新、走出自己的路。

為了「長治久安」、更上一層樓，要以「同心」作為上司與下屬相處的最高指標。所以，如何「將心比心」、以德服人，就是上司領導的最高原則。要贏得下屬的心，絕不只是發獎金、請吃飯、送禮物這麼簡單，還要多關懷及協助下屬達成個人目標。主管要長期、有耐心地做下去，才能累積到足令下屬「心悅誠服」的程度。

當下屬聯合抵制你

如果你很努力，下屬卻聯合抵制、公然反抗，甚至越級控訴你、訴諸公眾媒體，該怎麼辦？民國九十九年，校園霸凌事件成為全國關注的焦點，其中，桃園八德國中更因嚴重的校園霸凌問題，引發「校長下臺」的風波：

八德國中的嚴重霸凌事件包括：女學生被脫衣拍裸照、學生被蓋垃圾桶，還有學生組成撕衣集團，扯下弱小同學的制服口袋；甚至有學生說要帶槍到校教訓老師。

校內老師氣憤校長和學務主任一再縱容校園暴力事件，約六成的老師連署要換校長。自認委屈的校長感慨地說，自己長期從事教育工作，一直兢兢業業，沒想到竟遭如此誤解。校園裡有爭執或學生打架時她都知道，也都做了處理，只可惜仍然無法圓滿解決。

部分老師在記者會強調：「我們學校真的生病了！」學生帶西瓜刀來學校，學務處卻遲了三、四小時才處理。老師質疑，霸凌事件長期以來沒有妥善解決，校園裡不時出現辱罵風波，「這種環境下，學生怎麼學習？」

桃園教育處召開校長遴選委員會後，評定校長有「行政管理鬆散」等疏失；監察院在調查後認為，學校未能即時通報、管理鬆散、校長領導無方、人事更迭頻繁且未適才適任，桃園縣政府督學人力不足卻未補實，導致視察、考核等功能無法發揮，將通過對八德國中及桃園縣政府的糾正案。

由這起事件可看出，該校的校園倫理的確出了問題。老師連署要換掉校長，學生當著教育部長及校長的面嗆聲「校長下臺」，校長則覺得「就是有些老師會擴大事端並加油添醋」。校長與老師、學生之間，顯然關係不好、溝通不良。最後，校長雖然下臺了，但學校的聲望與團結也受到重創。

類似的案例也讓其他校長慨歎，校園民主化產生的脫序現象，讓校長有責無權（無人事權、財政權，只有額外壓力）。尤其在教師組工會之後，校長不再是「工頭」，而變成「資方代表」，不少校長因而提前退休。如臺南市於二〇一二年就有三十八名國小校長、七名國中校長退休，且多數是提前退休，最年輕的退休校長僅五十歲，屆齡退休者少之又少。

企業中也常見老闆和員工的拉鋸戰：員工覺得，自己這麼賣力工作，為何老闆永遠不滿意？老闆則認為，我要求的工作效率，為何員工總是做不到？假使員工能感謝老闆給予工作機會，在工作中盡心盡力、不為私利而斤斤計較，體諒老闆經營企業的不易；老闆則能讚賞員工的工作表現，不吝給予適度的獎勵，不為達到績效而剝削、壓榨下屬，能體貼員工的健康與家庭。如此上下之間能各自轉念、發揮同理心及退讓一步，就可能海闊天空。

領袖大考驗

領袖的工作不會一直平順，遇到外在重大困境時，正是最佳的考驗機會。著名的例子如二〇一〇年發生的「智利礦工受困地底六十九天」事件：

八月五日，智利北部聖荷西金銅礦岩壁崩塌，三十三名礦工受困。直至十月十三日，救援團隊從挖好的逃生井降下救生艙，才將已受困六十九天的礦工一一救出，創下受困地底最長的存活紀錄。

礦坑坍塌時，礦工們正在礦坑內吃午餐，之後他們發現自己身陷六百多公尺深的地底，不免深感恐懼。此時，五十四歲的工頭鄂蘇亞跳出來喊話：「若無法團結，為生存而奮鬥，就只能相互爭吵，在分裂中等待死亡。」鄂蘇亞的冷靜鎮定安撫了大家，令所有人都願意服從他的指示。

為了解決食物問題，鄂蘇亞要礦工將吃剩的午餐集中起來，加上避難所內預備的食糧和水，全由他來分配。每四十八小時，每名礦工只能吃兩小匙罐頭鮪魚、一片口糧、兩口牛奶。鄂蘇亞還規定，必須等所有人都領到食物後，大家才一起開動。

他也為礦工排出「功課表」，每天各八小時的「工作」、「休閒及運動」、「睡眠」，務必規律作息。因為有事可做，所以礦工們胡思亂想的時間減少許多。

遇到這種攸關生死的重大事件，若非有好領袖的帶領，很難安撫群眾、共度難關。比較起來，一般領袖所遇到的狀況多半只是小事，所以不要浪費時間與心力在大驚小怪上，而應盡快及理性地處理，把損害降到最低。

領袖應將「出事」視為考驗，除了是對自己聲望的試煉之外，也是測試團隊合作及成員潛能的最佳時機。領袖要將困境公開，讓所有成員明白，並提出或共同討論解決的方案，然後「同甘苦，共患難」，一起努力度過難關。這樣，大家不僅不會責怪領袖，還會感激領袖給予成長的機會，上下之間的感情會更緊密。

避免與上司發生衝突

好下屬應該是上司的左右手、得力助手，因為能幹的上司若無能幹的下屬協助，仍然人單勢孤、孤掌難鳴。上下之間要相處愉快，雙方都要努力。上司需要下屬的「執行」，下屬則需要上司的「提拔」；如果肯接受上司的指導或磨練，上司才可能適時將你推向高峰。與上司溝通時，消極的應注意不要誤踩「地雷」，積極的還可「向上領導」。

1. 將上司交代的事情記牢，「忘記了」是最糟糕的藉口

上司交代事情時，光靠記憶力是不夠的，最好隨身攜帶筆記本，邊聽邊記

錄上司交代的要點。聽完後，還要向上司簡略複誦，並詢問還有什麼事要做。

上司交辦工作後，要定期、及時地回報工作進度及結果，且要盡快回報，不要等上司追問時才說。上司會追問，除了表示有些擔心外，也代表他對你的工作效率不太滿意。此外，當工作遇到難以排除的障礙時，除努力解決問題之外，也要及早讓上司知情。如能順利解除危機，上司即會看到我們的才華；如不能克服，上司也能介入與因應。

最糟糕的是對上司交代的事情「輕率」承諾，然後又「輕易」忘掉。縱使自己再有能力，這些「健忘事件」仍構成「不可靠」的證據。

2.要注意職場倫理，不要被上司誤解為不服領導

與主管意見不合時，要先忍住脾氣，不可直接言語頂撞或表現不悅的神情，尤其不可在眾人面前讓上司難堪。要讓上司了解及採納你的見解，並注重溝通及說服的技巧，絕不能破壞彼此的關係與心情。

隨時注意自己的「非語言行為」，不可冷漠以對，如面無表情、不正眼看上司，讓上司誤以為你不服領導、不尊重上司的職權。笑容不足、低頭不看對方，最容易引起誤會；即使面對上司的嚴詞指正，也要做到平心靜氣、虛心接受。

3. 不要太計較工作的負擔及功勞

業務承辦人員最委屈的是，明明事情都是自己做的，功勞卻要記在上司頭上。就算真的如此，也別忘了上司至少也有「指導」之功。其實，可能只是你沒有看到上司的努力及功力，所以不需要因為計較功勞而憤憤不平。

除了不要與上司爭功勞、搶鋒頭之外，也要注意自己是否有意無意間自我炫耀或邀功，威脅到上司的地位，讓上司覺得你「功高震主」；即使你的學歷、能力超過上司，也要多加「收斂」，敏察上司的心情及細微的變化，才不會不知何時及如何得罪了上司，以致上司不再信賴及重用你。

4. 避免「越級報告」

對上司有不解或不滿之處，最好私下與上司「面對面」地請教與溝通，除非涉及性侵害、貪汙等法律事件，否則應避免越級報告。因為這樣做的後果，即使舉發了上司某些不當的舉措，但除非上司下臺或是你離開，否則日後必會造成你與上司間無法修復的人際裂痕，很難再彼此信任與合作。

越級報告的負面影響頗大，是雙輸之策，有時還不一定能達到效果；如果還有別的溝通方式，就不要走這步「險棋」。即使要請第三人幫忙溝通，也先不要「越級」，拿主管的上級來壓制主管。最好請單位內的資深人員或公正人士出面，居間「正確」地傳遞訊息。

5. 向上司報告前，要充分準備

向上司報告時，須準備相關的資料及足夠的方案。因為上司的時間有限，不可能聽你冗長、條理不清的發言。這除了顯現你沒有效率之外，也使上司產生不耐煩、不愉快的情緒，影響後續的溝通。

向上司報告或回答問話，不論多重大的事，都要能在短時間內講清楚。最多不要超過二十分鐘，若能在十分鐘、五分鐘、三分鐘甚至一分鐘內說明白，更能顯現你的功力。所以平常要多練習「短時間演講法」，而且要先準備稿子，不能到時候才「邊講邊想」。

6. 下屬類似幕僚，要主動蒐集上司想知道的資訊

上司想知道或需要知道的資訊，包括法令規章、市場調查、相關新聞等，下屬應及時（即時）蒐集完整與匯報。這部分比起學生時代交作業、報告困難

得多了。交報告有時只是為了交差了事，分數高低還在其次；但交給上司的資訊卻必須達到「滿分以上」，也就是準備要比上司想知道的更多，以預防他可能臨時的口頭詢問，才能「對答如流」。

所以，平時對資料的蒐集統整就要多加用心，才能在主管需要時很快準備好。若能在主管詢問之前主動報告，更是「高級幕僚」。

7. 下屬也可「向上領導」，但要注意技巧

就好像教學相長，老師能從學生身上學習，同樣地，上司也可從下屬身上學習。「向上領導」除了取決於上司是否虛心及胸襟開闊之外，更有賴下屬給予諫言或建言的溝通技巧。

要特別注意的是，所謂「伴君如伴虎」，想要改變上司，尤其應留意自己溝通的技巧和態度，不可讓上司誤以為你看不起他，甚至想要取代他。使上司對你產生防衛心，甚至覺得你太傲慢。

8. 要能虛心接受上司的指責與糾正

上司雖然也算長輩，但不可能因為你是晚輩而一直包容、諒解你；當你犯

錯或做得不夠好時，還是希望你盡快改正、調整過來。把工作做完且做好，絕沒有任何偷懶、耍賴的藉口。

所以，要經常拿出筆記本，將上司指出的錯誤或須加強之處記錄下來，並將改善的狀況盡快向上司回報。除了不要推託、狡辯之外，更不可情緒化地以為自己很委屈。此外，接受上司指正時，一樣要態度平和、謙虛，樂於受教。

真實作業與成長

1. 以一個他人的「領導行為」為練習，觀察其優缺點及特色。請教他為何會這麼做？或問他領導當中最大的挫敗是什麼？
2. 以一個自己的「領導經驗」為練習，探討其成敗的原因，包括請教身旁有經驗或你能信任的人，了解自己可以如何改善？

第10堂

爭與不爭——衝突的自我管理

人是我非不能爭
對不起！對不起！
連一份數據都算不好！你的成效怎麼這麼差！
人非我是不需爭
上次那份數據是我算錯了，對不起，我還罵你！
沒關係啦！我不介意的！
賠禮

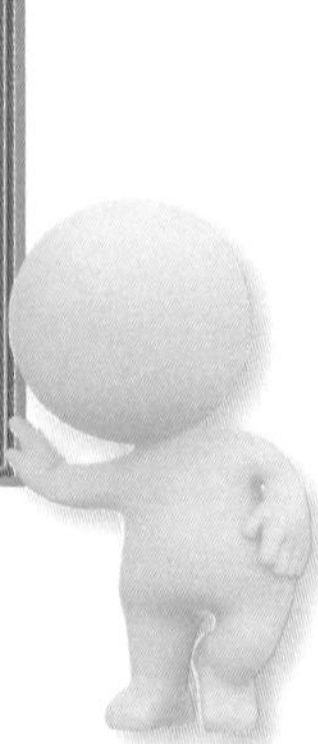

職場上因為「位子」不同，想法就有差異，真能做到「我好你也好」的情況並不多，往往是「以己之長，形人之短」，不經意就流露出對上司、同事、顧客等不滿與不服，身不由己地陷溺在「人際不和」的痛苦當中。

職場上人際之間難以合作的原因如：「自我侍奉」心理，把自己當成王公貴族般伺候，容易感受到別人對自己的不尊重；再加上怕吃虧與人際冷漠（獨善其身）、過於「講清楚、說明白」等態度，更使情緒容易控制不住而發生正面衝突。

衝突的正面處理

在丹尼爾・高曼的《EQII：工作EQ》中，「社交技巧」即包括說服、協商並解決爭議等「處理衝突」的能力：

1. 運用策略和訣竅，處理麻煩的對象和緊張的情境。
2. 察覺潛在衝突，把歧見公開化，幫助降溫。
3. 鼓勵辯論和公開討論。

4. 安排雙贏的解決方案。

職場上難免溝通不良，若不能及早、面對面地處理，累積與壓抑的結果，會使潛在衝突升高為對立的緊張局面。這時，最好能開誠布公地討論與辯論，找出雙方都能接受的解決方案。「延宕」或「逃避」只會使小事變大，甚至可能造成相互猜疑，不利於日後的合作。有時不良的溝通不僅造成人際關係破裂，還會有實質的損失，如：精神、身心健康、金錢及名譽等。例如下面這則對簿公堂的職場人際紛爭：

H 教授在某大學任教期間，被校方以到校天數不足、未發表學術論文及未申請國科會研究計畫等理由，依規定不予續聘。另一方面，H 教授責怪系主任沒有「相挺」，離職時相繼在教室及自己的部落格寫文章罵他「卑鄙」、「不配為人師表」，被系主任控告公然侮辱及誹謗，雙方鬧上法庭。據了解，H 教授認為自己之所以遭解聘，乃因在部落格上發表了批判學校施政與建言的文章，引來校方不滿而遭打壓。後來，教育部要求學校回復聘任 H 教授，並補其停聘時的薪水近百萬元。

H 教授進入學校後，若能先觀察一段時間以了解學校，包括融入與認同學校文化，待與校方建立較穩固的人際關係後，再私下及當面與相關行政與學術主管提出個人的觀察與建議，是否比在部落格上發表文章，或直接找學校創辦人越級報告，效果要來得好？

當校方間接得知 H 教授的建言，若能邀請或親自拜訪，向 H 教授當面解釋、請益或表達感謝，除了表現虛心受教的雅量，是否也不枉費當初禮聘這位人才來校的初衷？若可以開放心胸與 H 教授及全校師生一起討論學校的各項改革事務，雖未必能立即改善，使學校突然變好，但或許就能給予師生及社會正面的觀感與希望。

對系主任而言，當自己系上的同事遭遇某些問題，如：適應環境困難或人際誤解，若能及時伸出援手，向新進同仁解釋學校的生態，讓同仁更快適應並發揮所長，是否也是系上及學校之福？

教師聘任委員會若能兼顧情理，給予 H 教授一段適應期或輔導期，並請系主任及校內資深老師從旁協助，不要急著依法辦理（解聘），最後或許就能以喜劇收場，解聘案也不致遭到教育部駁回，還要賠償 H 教授的薪資損失。

爭辯的正向功能

在與人溝通的過程中，難免因為彼此的意見不同而有所爭辯。辯論和公開討論到底好不好？亞里士多德說：「吾愛吾師，吾更愛真理」，孟子說：「我亦欲正人心，息邪說，距詖行，放淫辭，以承三聖者。余豈好辯哉？予不得已也。」（《孟子・滕文公下》）所以，為了捍衛真理，還是必須與人爭辯，即使面對敬愛的老師亦然。

我很鼓勵學生辯論，只要避免「詭辯」、「狡辯」，真理就可能愈辯愈明。我不僅在課堂上安排辯論比賽，還在我任教的大學籌劃舉辦「五校六隊聯合辯論比賽」。我希望學生多接觸、多參與辯論比賽，將辯論視為正常的溝通方式，最好能「習慣成自然」，正確及靈活地運用到日常生活與職場上。

我在大學時代，因為學校重視辯論活動，每年總會舉行兩次全校性辯論比賽，加上自己因參加演辯社團，所以有許多校際辯論比賽的機會。碩、博士班階段時，教授多數鼓勵「多向式溝通」（網狀式溝通），課堂上也經常有「師與生」、「生與生」之間的交叉論辯。所以，多年來我對這種「君子動口不動手」

的說話訓練很有好感——除了合乎我這種自認「擇善固執」、非要「追根究底」的個性外，也因為辯論這種具備公平及理性的溝通方式，可用來打破階級關係，除了師生之間，在上司與下屬、親子之間、兩性關係間也都適用。

要強調的是，當「公開討論」或辯論帶到夫妻相處、同事之間的溝通時，則既有其優點，也有它不盡適用的時候。優點是指，有主見、誠實、及早地表達自己的想法與需求。不適用的時候是指，有些事情其實怎麼做都可以，沒有絕對的對錯好壞。例如：去某個地方有不同的路線，不必堅持哪一條最好；別人送的生日或節日禮物，可貴的是心意，毋需計較自己是否需要或浪費錢。另外，當別人對你表達關心與期望時，不要想成是「干涉」與「批評」，以致嫌煩、想要辯駁，讓別人的好意遭到曲解與拒絕。

辯論不是拳擊賽，目的不在把對方「駁倒」，而是藉由雙方在論述及攻防之間，釐清事情的真相。辯論並非爭吵，不是比誰大聲、誰情緒激動，所以不能訴諸情緒、暴力、群眾及權威。如果發現自己的事實、證據、推理不足，要能理性地放棄自己原本的主張、接受對方的觀點；即使是不喜歡的人所說的話，也要能接受。千萬不能因為不喜歡某個人，就情緒性地永遠反對他所有觀點，否則就是「不可理喻」了。

團隊做決策時，辯論愈開放、激烈，最後的決定也愈理想；然而，論辯時也要避免缺乏統整性與公開衝突，以免變成了帶有負面情緒的爭論。一旦造成人身攻擊及尖銳對立，即可能形成打不開的「心結」，日後就難以真心合作。

靠智慧審慎處理人際衝突

學生時代「與人不和」，可以率性地與對方絕交，或小心眼地利用團體力量排擠他；職場上的人際衝突，就沒有那麼單純及乾脆，要顧慮的事情較多。畢竟「人情留一線，日後好相見」，若處理不當，對實質及心理層面影響很大。

例如，對上司不滿而不服領導或消極反抗，對雙方都不利。上司因推不動業務而倦怠，下屬則可能面臨調職或失業的厄運。與同事不合而不願互相合作與支援時，則工作起來「人單力薄」；除了效率降低、士氣低落之外，也不敢有雄心壯志，策劃整合型的大活動。若與顧客不合，在今日消費意識高漲的時代，就得面對及處理「客訴」，若能好好化解（如合理的賠償）則皆大歡喜；反之，則可能重創企業形象，甚至個人要負全部賠償責任，乃至失業。

職場中的人際關係是不能選擇且經常更換的，遇到的上司、下屬、同事、顧客，狀況常難以捉摸。所以，達成工作任務的最大困難，在於要與各式各樣的人好好溝通。此外，工作中最大的挫敗，也常來自因無法溝通而造成的負面損失（對工作不滿意、心情不好、影響團隊工作成效及私人生活品質）。有些損失屬於精神層面，有些則還會遭到「報復」，造成無法彌補的傷害。例如報載（謝進盛，2010）：

臺南縣六甲鄉一名農會專員，在步行上班途中，被擔任臨時僱員的同事開車自身後撞飛，重傷送醫。該僱員因不滿專員曾糾正他的工作態度、嘲笑他是養子、向上投訴其工作不力，因而害他被調職，遂有開車撞女上司的念頭。

被害人雖送醫急救撿回一命，但脾臟遭到切除。該僱員除依殺人未遂判刑十二年確定外，還須負擔計三百多萬元的民事賠償。

看到上述案例，應會覺得報復的做法「得不償失」，為什麼要這麼做而自毀前途呢？同時也為上司的遭遇感到驚心，怎會遭到如此恐怖的報復？難道上司不能糾正下屬？

面對人際衝突時，阿基師的處世態度是什麼（吳永佳，2011）？他說：「人是我非不能爭，人非我是更不需爭。」多年的職場磨練讓他深刻體會，衝突當下因各自所處的情境及立場不同，「無論你再怎麼爭，也說服不了對方。」還不如不理它、淡化它，讓時間證明一切。面對衝突，當下的「態度」及EQ，比「是非對錯」更重要。

對犯錯的部屬，阿基師通常不立刻開罵、當眾責罵，「因為每個人都有自尊」，他會請旁人去說，不單刀直入；或是等「狀況」解除後，再溫言與對方溝通。通常人愈在高位，敵人愈多、愈孤單，真正有智慧的人不會仗勢凌人，反而愈懂得以柔克剛。「求全」不是委屈自己，而是聰明地達到目標。

另外，阿基師也勉勵年輕人要學會適時忍受委屈，吃虧不會是永遠的。能自其中領受處世哲學，則一生受用不盡。

阿基師勸我們要忍耐，但遇到不講理的同事，還要忍耐嗎？依處世哲學來說，是的！而且要更有耐心地「以禮」及「以理」相待。「以禮相待」是指，保持心平氣和，不因對方的臉色及語氣而以牙還牙、以暴制暴。「以理相待」則是，不因聽到對方某些論調或態度，立即斷定他無理取鬧，反而要能接納他的感受及想法，盡力幫助他；至少撥些時間聆聽，而非故意避開他。

萬一有同事對你產生誤會甚而攻擊你，此時要先冷靜，不要逃避或急著還擊，應先聽他說，再慢慢解釋，不要一直辯駁，以防引發對方更激烈的情緒與言詞。有些人容易耿耿於懷，所以千萬不要激怒他，以免他將你「鎖定」為敵對者而沒完沒了、不勝其擾；相對地，自己也不要任性地鎖定某人為敵人，結果弄得「杯弓蛇影」、「草木皆兵」。

如何協商與解決爭議？

衝突發生時，第一個要面臨的問題是選擇「面對」或「規避」？第二個則是「競爭」或「合作」？由於這些都是自己可以決定的，因此即使是在情緒激動時做出錯誤的決定，仍必須為自己的行為後果負責。所以面對人際衝突時，得先克服人性弱點及學習溝通的技巧，如：控制自己的情緒、管住自己的嘴巴、保持委婉的態度和語氣。總之，要以維持和諧的人際關係為最終目標，必要時願意犧牲讓步。

有時我們必須承認，不是所有衝突都能獲得解決。如果投入的時間、精力等有形無形的成本，高過可能得到的利益時，就不要再費神處理人際衝突了。最好是「能忍則忍」，把衝突控制得低調一點；有人可能將之解釋為「姑息」，但其實是「兩害相權取其輕」。

如果職場上真的有人蓄意找你麻煩，而且對方不會因你的忍讓而鬆手，還以為你是順從或投降，這時，你只有用「堅定的態度」來回應，對方才會罷手——不求戰，但也不怕一戰。這裡的「戰鬥」是指「君子動口不動手」的文攻而非武鬥，跟對方表明及說清楚自己的立場，杜絕日後對方把你當「軟柿子」或「病貓」。

人際衝突的處理，理想上都希望達到「統合——雙贏」的境界，滿足雙方認為重要的需求與目標；如果覺得必須維繫良好的工作情緒與長期合作，就要努力調和出一致性，獲得雙方對協議的承諾。以長遠的角度而言，這也是必要的學習與功課。然而，不是所有的衝突處理，都能兼顧雙方需求，依情境不同，其他的處理方式如「抗爭」、「忍讓」、「妥協」、「逃避」，效果可能更好。

遇到緊急事件、必須執行某項重要但不受人歡迎的決定，或必須爭取團體的福祉時，就得採取「抗爭——我贏你輸」的衝突處理方式。例如，當工作上遇到要完成「有時效性」的重大任務，或遭遇重大危機時，就必須要求下屬加班或聽從上級指揮。

當彼此的觀點僵持不下而發現對方是對的、爭議的事情是對方很在意的，或當組織的和諧穩定是非常重要時，此時就該採「忍讓——我輸你贏」的策略，以維持彼此的合作關係。有時下屬犯錯，為了讓下屬能經由錯誤來學習及成長時，上司也得暫時忍讓。

「妥協——有輸有贏」的策略則用在：對方的權力跟自己相當、讓複雜的爭議先取得暫時的解決、有時間壓力的情境，此時雙方都要各退一步。

「逃避——雙輸」的衝突處理乍看不理想，其實在下列情境反而適用：

1. 爭執的是微不足道的小事。
2. 沒有任何機會可以滿足雙方需求。
3. 關係破裂的潛在損失更大。
4. 想先讓對方冷靜下來，獲得更多資訊再做決定。

來自制度面或世代差異的人際衝突

工作上的人際衝突，不都是個人問題，不少衝突因素來自制度、規章或領導者，若不從組織層面改進，則無法真正化解，所以還是要找相關單位提出建議與溝通觀念，才有可能改善。遇到這種情況有時無法迅速解決，且過程當中須經過多次溝通，因此不要過於心急或灰心。

還有些溝通問題屬於時代因素，像是職場的「世代差異」(generation gap)，如生長在這個比較寬容年代的年輕人，較沒大沒小、好辯解、動不動就請假甚至離職，感覺難以承擔重任或沒有遠大的目標；或較會質疑主管、不會畢恭畢敬，讓人覺得不懂職場倫理；或常依自己對情境的理解，而決定是否遵循公司規定；較重視個人的休閒，不願意為工作打拼；常轉換工作，穩定與忠誠度不足；還有像是電腦科技似乎是與生俱來的本能、甚至是身體的一部分，而成為低頭族、不理人。其實這些狀況只要多了解，從領導者或資深人員這一端開始調適——讓步或重新規範，此外年輕人也有責任去了解「上一代」，找出他們的特質，問題就不致惡化，甚至可收兩代「互補」之效。

當人際衝突來自於制度面或難以溝通的上司、同事或顧客時，在還沒改善之前，仍可先自我反省，由自己可以改變的地方著手，如：

1. 高度的情緒克制，避免損人而不利己

如果發現自己苛求完美而容易失去耐心、不喜歡與某些人共事、看不慣的

事情容易直講、不開心的事情會放不下、因行程緊湊或身體狀況差而情緒暴躁、不能忍受他人的批評等，就須先改善自己的狀況、解決自己的問題、加強自己的情緒克制能力、培養更多的幽默感等，畢竟「得饒人處且饒人」、「敬人者人恆敬之」、「豈能盡如人意，但求無愧我心」。

不論是情緒爆發或壓抑，都不是情緒表達的理想方式。所謂情緒的克制，不僅是避免情緒激動或壓抑，更好的做法是鼓勵自己將情緒「表達」出來，讓對方了解，包括描述自己的情緒狀態，以及說明情緒發生的原因。

2. 能自我肯定及適度拒絕

若不懂得拒絕，別人可能誤以為你什麼都無所謂、任何事都願意幫忙，淪為「為他人做嫁衣」而耽誤了自己分內的工作。拒絕也是一種責任感的表現，適時、適當地表達「不」，不僅是尊重對方，同時也是自我肯定。

如果發覺有人一直將自己該做的事情丟給你，就要適時反應。若因對方的工作量太大，就要建議他找主管討論以調整工作內容。有時，為了怕傷和氣而編出一大堆牽強的藉口拒絕，反而讓對方心生怨懟，不如坦白說出拒絕的理由，讓對方了解你的難處。

3. 盡早修補人際裂痕，以免因小失大

不要忽視人際裂痕的影響，認錯與讓步是修復關係的基石。許多人因為愛「面子」而不肯道歉，到頭來卻失去了「裡子」，得不償失。職場上難免有人際衝突，若一直不能化解，將使彼此「含怨」而鬱鬱終日；可惜許多人情願痛苦一輩子，也不肯向對方低頭，非必要則「老死不相往來」。

此外，主管或周遭同事應協助衝突的雙方早日修復關係。實在無法化解時，即須調整一方職務，調離開該單位，以免影響到個人身心健康及工作績效。

4. 開拓自己的見解與胸襟

在〈遇見100%的人生品味——旅行‧閱讀〉（余秋雨，2005）一文中，余秋雨說自己旅行的原因，是為躲開人際之間的爭鬥、稱王。他說：

我當年辭去上海戲劇學院院長一職時，就是發現自己已經有了那樣的假座標了。人在其中，不易察覺，人人都在為一些沒價值的事情而憤怒，而奮鬥，而激動。

旅行就是一種拯救。旅行帶著我們離開過於狹隘的專業座標，和過於狹隘的人生座標。

旅行不僅把我們帶離虛假，且使我們離開邪惡。邪惡的結構，實際上是一個小空間的邏輯，人們在極小的空間裡爭鬥、稱王，生命惴惴不安，極端害怕，於是產生了有我沒你小空間式的思維，邪惡於焉誕生。……我想唯有讓善跑得比惡更快、更遠，才能抵制邪惡，難怪許多宗教旅行家走得非常遠。

擺脫虛假的邪惡，擺脫小座標，擴大生命的空間，我想這是我們一生重要的追求。

要不要做和事佬？

職場中若有人際衝突，在正常狀態下應試著去做「和事佬」。例如：

1. 雙方當事人動了氣，若無人出面緩頰、滅火，情緒失控之下，可能造成難以彌補的傷害。

2.雙方其實只是誤解，但因不聽對方解釋，誤會難以澄清，此時有賴第三公正人士，協助傳遞正確訊息。

3.有時雙方都知道衝突無益反害，這時就可由一位有聲望的人士出面，召開所謂的調解會議，協議出雙方都能接受的解決方案。

4.即使是你自己想找對方談談如何化解衝突，若能再找一位雙方都能接受的同事一起會談，或雙方都各找一位陪同，事情的解決可能更為理性與順遂。

5.如果你無意之中「目睹」了同事的衝突，也可公正地為某一方說話，以免雙方誤會愈來愈深。

6.如果你知道兩人有衝突，可分別進行溝通，協助他們恢復應有的人際和諧。

7.身為上司，發現下屬之間有了心結、合作不愉快時，應先試著調解。

從前，我與下屬、同事、學生起衝突或有誤會時，幸賴某些長官或同事介入幫忙，才讓我順利脫困、不致與人結怨，這份恩情令我銘感五內。

不過，不是所有時候或情境都適合做和事佬，下列狀況最好避開，如：

1.感情糾紛（尤其是辦公室戀情、三角關係、不倫戀等）。

2.你與雙方或某方的交情不深，未獲應有的信任時。

3.你與某方交情太深，感覺會偏袒某一方時。
4.衝突的某一方思考固著、性情古怪，較無法以常情常理來論斷時。
5.有人誤會你出面調解，有不良意圖或從中取利時。
6.你已努力卻力有未逮，花了不少時間卻徒勞無功時。

預防衝突不如加強溝通

許多人在衝突發生後，才懊惱當時的疏忽或無心之過，或是陷入「無解」的痛苦中，悲觀地以為這個心結不可能化解。這其實都是「過慮」了（我的口頭禪是「天下本無事，庸人自擾之」），只要有誠意彌補，事後的解釋、澄清、道歉、認錯、改進……，大多是有效的。少數時候無效的原因，是拖延了及時彌補的時機，或錯估別人為「不可理喻」而不做解釋。

總之，溝通絕不是浪費時間，或者應該說「把時間浪費在溝通上是值得的。」解決或避免衝突最好的方式，就是加強溝通。從建立人際關係開始，運用溝通技巧以增進情誼、建立默契、傳達事情、確認了解、尋求協助、委婉拒絕、表達感激、讚美欣賞……，如果願意多「浪費時間」在這些溝通活動上，就不會發生嚴重的人際衝突。至於少數不易化解的人際衝突，則可當作是個人情緒管理、非語言溝通等方面的磨練，不要太自責。

如果你改變不了不愉快的人際關係，想關心當事人又幫不上忙時，就應及早向主管報告，請求上司的建議或協助。有時，處理衝突看來最消極的做法是：「我惹不起你，總可以躲開你吧！」反而是最佳的「避險」策略，無需耿耿於懷，花太多心思在無能為力之處。只要能做到「減少對方對自己造成的負面影響」，就已經算是成功了。

職場溝通裡，你代表的是企業（機構）或主管，你做的多半是別人的事情、聯絡的多半是自己不認識的人，這些事都擔誤不得、這些人也都得罪不起。所以，職場溝通的技巧更須「精益求精」、「止於至善」，永遠沒有足夠的時候。

職場溝通的效能至少影響到自己的工作士氣及升遷機會，不能掉以輕心、任性妄為。我深切期盼更多大學能注意及加強這類課程，使我們的學生具備應有的工作力與競爭力。也希望更多學生能反省自己的溝通能力，以免到了職場才因「書到用時方恨少」而處處受挫。

真實作業與成長

1. 以一個他人的「職場人際衝突」為練習，觀察其原因、結果，評估其處理的方式。並試問，如果是我，會不會發生衝突？會如何預防及化解這種衝突？
2. 以一個自己的「職場人際衝突」為練習，探討其原因（包括問問「旁觀者」或「公正人士」），反省自己應負的責任，以及訂定自我突破、化解人際衝突的計畫。

參考文獻

Cheers 雜誌編輯部 (2011)。好人也要懂心機。Cheers 雜誌，125 期。

Cheers 雜誌編輯部 (2012)。管理自我 100 問 24–62 問：掌控時間。Cheers 雜誌，特刊 91 號。

Cheers 雜誌編輯部 (2012)。管理自我 100 問 63–85 問：戰勝情緒。Cheers 雜誌，特刊 91 號。

小嫚（2012/9/12）。讓人羨慕的「三不」。聯合報，D 版。

王一芝 (2011)。2011 年《遠見》服務業大調查業態總平均 51.04 分——把服務當投資，跟上消費者期待。遠見雜誌，304 期。

王文玲（2012/9/4）。首波法官評鑑出爐，2 法官議處。聯合報，A4 版。

村上龍 (2007)。工作大未來—從 13 歲開始迎向世界。臺北：時報。

李開復 (2006)。做最好的自己。臺北：聯經。

李瑞玲等譯 (1998)。丹尼爾・高曼 (Goleman, D.) 著。EQII：工作 EQ。臺北：時報。

余秋雨（2005/2/17）。遇見 100% 的人生品味——旅行・閱讀。聯合報，E7 版。

吳永佳（2011）。阿基師：沉住氣，爭不爭都有一片天。Cheers 雜誌，132 期。

吳寶春（2010）。吳寶春的味覺悸動。臺北：時報。

吳寶春、劉永毅（2010）。柔軟成就不凡。臺北：寶瓶。

沈方正（2010）。你是「做人的事」還是「做事的人」？Cheers 雜誌，122 期。

沈育如（2011/9/30）。魏導：熱血天天被澆熄，但沒有退路。聯合報，AA4 版。

邵虞譯（2001）。伯尼・西格爾（Bernie S. Siegel）。愛・醫藥・奇蹟。臺北：遠流。

風信子（2012/8/25）。你家就是我家。聯合報，D 版。

洪懿妍（2012）。我的人脈智商（NQ）有多高。Cheers 快樂工作人雜誌，140 期。

洪蘭（2009）。不想讀，就讓給別人吧。天下雜誌，434 期。

修瑞瑩（2011/11/11）。成大校長批臺大人眼睛長頭頂。聯合報，A10 版。

宣明智（2008/6/24）。給社會新鮮人的 10 封信——第二封：誰是你的老闆？你自己。聯合報，A4 版。

高詩琴（2011/4/11）。櫃姐蘇佳瑤，靠熱情，業績 50 萬。聯合報，B 版。

施靜茹（2010/1/29）。耶魯教授：盯報告，不如多看病人幾眼。聯合報，A6 版。

陳宛茜（2012/6/10）。劉兆玄：台大生如椰子樹　只顧自己往上長。聯合報，A1 版。

陳芬蘭譯（1995）。包德瑞奇（Baldrige, L.）著。商業社交禮儀。臺北：智庫。

陳玲瓏譯(2000)。安德列・威爾(Andrew Weil)著。自癒力。臺北：遠流。
陳靜宜（2011/4/30）。楊紀華，鼎泰豐包著人情味兒。聯合報，G8版。
張美惠譯(2011)。湯姆・雷斯(Tom Rath)、唐諾・克里夫頓(Donald O. Clifton)著。
　你的桶子有多滿？樂觀思想的神奇力量。臺北：商周。
勞委會職訓局(2012a)。名人談就業——歸零學習，吳寶春的灰姑娘哲學。
勞委會職訓局(2012b)。名人談就業——王育敏：好履歷、展現工作熱忱。
曾懿晴（2010/6/5）。「網路資料少」拗張大春寫報告……卸卸。聯合報，A3版。
廖乙臻（2010/12/4）。刺蝟醫師，堅持病人最偉大。聯合報，A4版。
鄭語謙（2011/9/16）。阿基師談工作「最忌功高震主」。聯合報，A6版。
羅介妤（2011/7/24）。職場不耐症－5招不做慣寶寶。聯合報，AA2版。
謝進盛（2010/10/5）。記恨調職農會雇員撞飛女主管。聯合報，A11版。
嚴長壽(2006)。御風而上。臺北：寶瓶。
恭錄自　證嚴法師靜思語
　證嚴法師(1989)。證嚴法師靜思語。慈濟慈善事業基金會。
　證嚴法師(1999)。靜思語第二集。慈濟文化出版社。

推薦閱讀

【Insight】

陪你飛一程：科技老鳥30年職場真心話

夏　研／著

職場陰晴，瞬息萬變
連走路都要靠Google Maps，工作怎能不用?
超過40篇精彩故事以及大膽表露的職場真心話，
陪伴正要起飛的你！

作者夏研你可能不認識，但他做的手機你絕對知道！夏研為科技業界知名人士，過去服務於電子五哥的手機部門。曾帶領團隊創下銷售奇蹟，也曾因為決策失誤而導致團隊解散，公司倒閉。如今他走過職場的頂峰與低谷，將所有的血淚經歷化成文字，一次在書裡揭露。

【職學堂】

圖解正向語言的力量

永松茂久／著　張嘉芬／譯

腦科學與心理學研究證實平時所說的話，正在塑造你的人生！
正向思考若能化為正向語言說出來，更能加速心想事成！
日本傳奇斜槓創業家不藏私親授
40萬人見證正向語言翻轉人生的力量

本書作者永松茂久是位知名創業家，他從潛意識的科學研究結果中汲取精華，運用潛意識「無條件服從語言」的特性開發出廣受歡迎的人才培訓法，不僅讓自己翻身為多家成功企業的創辦人，也影響了近40萬人的人生規劃。

【覓Me課】

人生兩好球三壞球：翻轉機會／命運，做自己的英雄

林繼生／著

灰心喪志時該怎麼辦？
如何面對過去的自己？
我也可以是英雄嗎？
青春的迷惘，本書幫你解答！

本書結合電影、文學等素材，提供年輕學子在認識自我、人際關係、夢想與面對未來等方面的人生指引，文字淺顯易懂，讀者可從中獲得正向積極面對未來的智慧與勇氣。

【LIFE系列】

在深夜的電影院遇見佛洛伊德：電影與心理治療

王明智／著

透過電影，
我們踏上心靈幽徑
遇見本然的自己

人們去看電影，不是為了看真實的世界，而是要能看「補足這個世界不足」的另一個世界。當一個故事順利流傳下來，那是因為這個故事幫助我們活下來，因為我們在現實人生中的經歷不足以讓我們活下去，更因為我們渴望的正義、事實、同情與刺激，往往只能在想像的世界中獲得滿足。透過電影，我們看著一則則別人訴說的故事，也同時從中澄澈自己的思考、省視自己的生命。

【LIFE系列】

會做人，才能把事做好

王淑俐／著

想成為人氣王？
想成功領導團隊？
想創造雙贏的性別溝通？

本書包括四大溝通主題：會做人之必要、溝通技巧實作、職場倫理與溝通、兩性相處與情愛溝通。內容兼具理論基礎及實務經驗，自修、教學兩相宜。讓您一書在手，從此困惑全消、茅塞頓開，化身溝通人氣王。

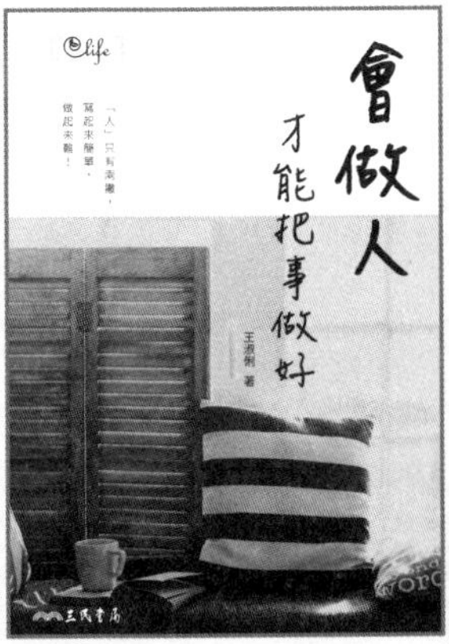

【LIFE系列】

掌握成功軟實力：8個時間管理的黃金法則

王淑俐／著

你是否常因無法判斷事情的先後而搞得手忙腳亂？
你是否為了事情無法按照計畫表執行而每天加班？
你是否因為想做的事情太多而不知如何兼顧取捨？
你是否總覺得事情做不完而有莫名的壓力與焦慮？

透過本書中8個時間管理的黃金法則，上述的問題都能迎刃而解，讓你的生活不再庸庸碌碌，而是能掌握成功的關鍵之鑰——充分利用人生中的每分每秒，進而實現心目中的「美好生活」。